JEANETTE PRZYGODA

GEMEINSAM UNTERWEGS

Gassi-Spaß für jeden Hundetyp

MIT KOSMOS MEHR ENTDECKEN

33

ÜBUNGEN

und Spiele

SEIT 1822

KOSMOS

INHALT

Zu diesem Buch

Hunde erfüllen heutzutage längst nicht mehr nur spezifische Jagd- oder Wachaufgaben, aufgrund derer sie eine unerlässliche Hilfe im Zusammenleben mit dem Menschen sind. Hunde sind heute in erster Linie Begleiter. Sei es beim (Hunde-)Sport, beim Erkunden neuer Pfade auf der Wanderung durch den Wald, als vierbeiniger Kollege im Büro oder als Partner bei der täglichen Gassirunde. Wie diese gemeinsamen Ausflüge aussehen, ist ganz unterschiedlich und von vielen Faktoren abhängig. Ganz maßgeblich beeinflusst wird die Art, wie man gemeinsam unterwegs ist, vor allem vom Charakter, der Motivation und auch von der Erziehung des Hundes. Während ein Hund völlig aufgedreht das Haus verlässt und auf jeden Reiz reagiert, gehen andere Hunde fast schon ignorant und ziemlich autark mit ihrem Menschen vor die Tür. Der eine lässt seinen Menschen draußen kaum aus den Augen, beim anderen würde man sich ein bisschen mehr dieser Aufmerksamkeit wünschen.

Zwischen diesen Extremen gibt es viele weitere Hundetypen. Zum Beispiel den pubertierenden, sexuell motivierten und deshalb sehr imponierenden Hund. Oder den Jäger, der nur noch mit der Nase über den Boden schwebt. Oder den „Aufpasser", der die Umgebung und alle sich darin befindenden Zwei- und Vierbeiner sehr genau im Auge behält.

EINSTELLUNG DES MENSCHEN

Aber auch von der Einstellung und Motivation des Menschen ist es abhängig, wie Spaziergänge gestaltet werden. Die Bandbreite ist hier mindestens genauso groß: Der eine freut sich, seinen Hund über Apportierspiele und -training auszulasten. Andere schätzen die Anwesenheit des Hundes als Joggingpartner. Wieder andere möchten in der eigentlich gemeinsamen Zeit lieber ihren eigenen Gedanken nachhängen und vom Alltag abschalten. Der Nächste ist draußen fast ausschließlich mit der Erziehung seines Hundes beschäftigt oder genießt es, seinem Hund beim Spiel mit Artgenossen zuzuschauen. Oder letztendlich eine Kombination aus all diesen Dingen.

So lange Mensch und Hund draußen gut klarkommen, nicht gestresst sind und ihr Umfeld nicht belasten oder gefährden und so lange der Hund auf Rückruf zuverlässig kommt, besteht kein Grund, seine gemeinsamen Ausflüge zu ändern oder kritisch zu hinterfragen. Und manchmal gibt es auch wirklich keinen Grund dazu, weil Hund und Mensch entspannt unterwegs sind, es zwischen beiden einfach passt und gut läuft. Dann kann sowohl Mensch als auch Hund guten Gewissens einfach mal die Seele baumeln lassen und eigenen Gedanken nachhängen.

Hunde sind heutzutage in erster Linie Begleiter, auch in städtischem Umfeld.

FRUST AUF BEIDEN SEITEN?

In meinem Arbeitsalltag mit den unterschiedlichsten Mensch-Hund-Teams werde ich jedoch häufig mit einer gewissen Unzufriedenheit konfrontiert. Auf beiden Seiten! Der Mensch ist frustriert, weil sein Hund nicht wie gewünscht an der Leine läuft und im Freilauf nur kommt, wenn es ihm passt. Der Hund ärgert sich, dass er nicht vernünftig jagen gehen darf und ist oft mit Alltagssituationen überfordert. Spätestens jetzt sieht man Handlungsbedarf, der eigentlich schon nötig gewesen wäre, als man noch am Anfang der gemeinsamen Beziehung stand. Was kann man also tun, dass es draußen gemeinsam besser klappt? Dass man mehr Spaß zusammen hat und zufriedener nach Hause gehen kann? Und worauf kann man achten, dass es gar nicht erst zu Unzufriedenheit und Frust kommt? Bei so viel Variabilität in der Menschen- und Hunde-

mentalität können für die gemeinsamen Spaziergänge unmöglich für alle Hundetypen (und für alle Hundehalter) die gleichen Regeln und Übungen gelten bzw. wichtig sein. Sicherlich gibt es Empfehlungen, die für einen Großteil der Mensch-Hund-Teams passen. Aber natürlich macht es einen Unterschied, ob der eigene Hund in jedem anderen einen Freund oder einen Feind sieht, um nur ein Beispiel zu nennen. Wir schauen uns im Folgenden also das an, was Hundeverhalten ausmacht. Wenn Ihnen als Hundehalter bewusst ist, um was für einen Typen es sich an Ihrem Leinenende handelt, können Sie mit alltäglichen Situationen anders umgehen, sie anders gestalten und Ihren Hund passender beschäftigen, fordern und fördern.

Viel Spaß! Ihre
Jeanette Przygoda

WAS IST VERHALTEN ÜBERHAUPT?

JAGEN IST EINE ANGEBORENE INSTINKTHANDLUNG

Das so genannte Vorstehen, das der Magyar Vizsla zeigt,
ist eine typische Jagdhaltung von Vorstehhunden.

Faktoren, die das Verhalten von Hunden beeinflussen

Wie sich ein Hund verhält, ist von vielen Faktoren abhängig: von seiner Motivation, seinem Charakter, von Lernerfahrungen, die er in seinem Leben gemacht hat. Aber natürlich auch von seinem allgemeinen Wohlbefinden, vom Hormonhaushalt als auch von der Situation, in der er sich befindet.

E s ist davon abhängig, wer sein Gegenüber ist, ob der Hund Stress empfindet und wie er erzogen wurde. Genauso vielfältig, wie die Faktoren sein können, gibt es auch in den verschiedenen Wissenschaften unterschiedliche Definitionen von Verhalten. Ganz allgemein kann man jedoch sagen, dass die hauptsächlichsten Faktoren, von denen Verhalten abhängig ist, zum einen die Gene sind, zum anderen die gemachten Lernerfahrungen des Hundes. Darauf möchte ich ein bisschen genauer eingehen:

ANGEBORENES VERHALTEN

Reflexe und Instinkthandlungen müssen nicht erlernt werden. Sie sind von Natur aus vorhanden und in den Genen festgelegt. Ein Welpe muss beispielsweise also nicht erst lernen, was Jagdverhalten ist, denn es ist bereits in ihm angelegt. Der Jagdinstinkt reift mit der Entwicklung lediglich heran und wird von bestimmten Reizen ausgelöst, von einem davonhoppelnden Hasen zum Beispiel.

ERLERNTES VERHALTEN

Der zweite wichtige Faktor, der Verhalten beeinflusst, sind die Lernerfahrungen, die der Hund in seinem Leben macht. Durch Lernprozesse erwerben Hunde neue Fertigkeiten. Was genau gelernt wird und wie schnell, hängt auch vom jeweiligen Hund ab. Woran hat er Interesse? Was liegt ihm? Welcher Lerntyp ist er? Das hat dann wiederum mit Vorerfahrungen und angeborenen Eigenschaften zu tun. Ein Beispiel: Möchte man einem Hund beibringen, einen davonrollenden Ball zu stoppen und ihn zurück zu seinem Menschen zu stupsen (als Element des Treibball-Trainings beispielsweise), wird ein Hütehund diese Fertigkeit in der Regel viel schneller erlernen, weil das Umkreisen und stoppen von bewegten Gegenständen (oder Schafen oder Menschen) seiner natürlichen Veranlagung entspricht. Ein Hund des molossoiden Typs wird sich dagegen für einen davonrollenden Ball vermutlich reichlich wenig interessieren, zumindest wird er ihn nicht unbedingt stoppen wollen.

Hütehunde haben meist ein Interesse daran,
bewegte Objekte zu stoppen.

Anderen Hundetypen fehlt häufig das
Interesse oder die Ausdauer.

Durch die Verpaarung seiner Eltern hat ein Hund also einen Genpool (inkl. diverser Instinkte), der sein Verhalten beeinflusst. Welche Persönlichkeit ein Hund dann aber haben wird, hängt mit seinen (Lern-)Erfahrungen zusammen, besonders von denen als junger Hund (der sogenannten Sozialisierung). Aber auch danach spielen Erfahrungen und Erziehung ganz allgemein eine wichtige Rolle. Aus diesem Grund orientiere ich mich bei der Kategorisierung der Hundetypen zum einen nach ihren Instinkten, zum anderen nach der Art ihres Auftretens, ihrer Persönlichkeit.

VERHALTEN NACH INSTINKTEN

Jeder Hund wird von vier Instinkten reguliert: dem Jagdinstinkt, dem Territorialinstinkt, dem sozialen Rudelinstinkt und dem Sexualinstinkt. Diese Instinkte werden im Folgenden noch näher erläutert. Je nachdem, um welchen Hund es sich handelt, sind diese vier Instinkte in einer anderen Gewichtung veranlagt. Die Jagdhundrasse „Deutsch Drahthaar" hat beispielsweise eine größere Portion Jagdinstinkt angezüchtet bekommen, dem Hovawart ist sein Territorium deutlich wichtiger als anderen Hunderassen. Bei Mischlingshunden ist die Instinktverteilung natürlich davon abhängig, wie sie bei ihren Vorfahren ausgeprägt war. Auch wenn es sich um vier verschiedene Instinkte handelt, beeinflussen sie sich gegenseitig und sollten deshalb als Gesamtheit betrachtet werden. Man kann sie sich wie verschieden große Stücke einer Torte vorstellen.

Gezeigtes Verhalten, das auf Instinkten basiert, kann also
— jagdlich motiviert,
— territorial motiviert,
— sozial motiviert und/oder
— sexuell motiviert sein.

VERHALTEN NACH PERSÖNLICHKEIT

Neben den Instinkthandlungen spielt die Persönlichkeit des Hundes eine wesentliche Rolle bei der Beurteilung von Verhalten.

Unter Persönlichkeit versteht man die Gesamtheit aller charakteristischen und individuellen Eigenschaften eines Individuums. Wie sich jemand verhält und wie er auf verschiedene Situationen reagiert, hängt maßgeblich mit seiner Persönlichkeit zusammen. Da die Persönlichkeit eine so große Rolle spielt, wurden viele Modelle entwickelt, um die verschiedenen Persönlichkeitstypen zu kategorisieren. Ein klares und gut verständliches Modell ist die Kategorisierung in Typ A und Typ B – Persönlichkeiten, von denen es jeweils eine stabile und instabile Variante gibt. Sie hat sich bei der Anwendung auf Hunde bewährt, weshalb sie auch hier als Kategorisierungsgrundlage verwendet wird.

Typ A und Typ B

Die Einteilung in Typ A und Typ B kommt ursprünglich aus der Kardiologie, nämlich aus der Risikoforschung für Herzerkrankungen. Zwei Stresssysteme, die im Körper aktiv sein können, führen zu unterschiedlichen Stresspersönlichkeiten. Zum einen gibt es das schnell reagierende Adrenalinsystem, zum anderen ein deutlich langsamer reagierendes Cortisolsystem. Wird in Stresssituationen eher hitzig und prompt reagiert oder ruhig und besonnen? Je nachdem, durch welches System Mensch oder Hund gesteuert werden, verhält man sich anders – man ist Typ A oder Typ B.

Gezeigtes Verhalten, das auf der Persönlichkeit basiert, kann also diesen Punkten zugeordnet werden:
— Typ A – stabil
— Typ A – instabil
— Typ B – stabil
— Typ B – instabil

1. Der territoriale Hund beobachtet aufmerksam sein Umfeld.

2. Der sexuelle Hund markiert gerne interessante Stellen.

3. Der sozial motivierte Hund läuft gerne zwischen seinen Bezugspersonen.

1

2

3

WELCHER TYP IST MEIN HUND?

HETZJAGD AUF EINEN BEWEGTEN GEGENSTAND

Jagen ist eine selbstbelohnende Handlung, die glücklich macht.
Die Beute auch zu fressen ist meist zweitrangig.

———

Erkennen des dem Verhalten zugrunde liegenden Instinkts

Menschen, die einen jagdlich interessierten Hund haben, wissen das. Bei sozial motiviertem Verhalten wird das Erkennen schon schwieriger. Und wo fängt eigentlich Territorialverhalten an? Die folgenden Seiten sollen Sie bei der Einschätzung unterstützen.

JAGDLICH MOTIVIERTES VERHALTEN ERKENNEN

Was das Erkennen angeht, ist das Jagdverhalten vermeintlich die „leichteste" Kategorie. Es gibt Sichthetzer (unter anderem vor allem Windhunde und deren Mischlinge, die Beute über die Augen erspähen) und Jäger, die überwiegend über die Nase arbeiten. Die einen springen auf optische Reize an, die anderen lassen sich von Gerüchen verleiten. Und selbstverständlich gibt es auch die „Alleskönner", die je nach Situation die Augen oder die Nase zur Jagd nutzen. Wenn ein Hund einem Kaninchen hinterherläuft und dabei auch noch Jagdlaute von sich gibt, ist allen klar, dass es sich um Jagdverhalten handelt. Am Ende der Jagd kann dann auch noch das Packen, Töten und Fressen stehen. Das ist aber kein Muss. Für viele Hunde ist das Hinterherrennen der größte Spaß und eine selbstbelohnende Handlung, bei der Hormone ausgeschüttet werden, die den Hund glücklich machen. Es geht also gar nicht immer ums Töten und Fressen, sondern in der Regel um die Hetzjagd.

Wo fängt Jagdverhalten an?

Es geht mit einer Orientierungsreaktion los: Die Ohren werden gespitzt, der Blick gehalten (fixierender Blick) oder die Nase in den Wind gehoben, um die Spur aufzunehmen. Je nachdem, um welches Beutetier es sich handelt und wie groß die Distanz zu ihm ist, folgt ein Anschleichen (Anpirschen), manche Hunde heben ein Vorderbein an und verharren in dieser Position für eine Weile (das sogenannte Vorstehen). Es folgt das Hetzen (der Sprint, der die Distanz zur Beute verkleinern soll). Danach könnte das Packen, Töten, Zerlegen und Fressen (oder Vergraben) der Beute anschließen. Das Jagdverhalten des Hundes ist ein ganz normales und existenziell wichtiges Verhalten! Lediglich von uns Menschen ist es häufig unerwünscht. Weil es sich um einen Instinkt handelt, ist es auch nicht abschaltbar – man kann sich lediglich darum bemühen, es kontrollierbarer zu machen und an einem zuverlässigen Rückruf zu arbeiten, damit zumindest ein Abbruch der Jagd möglich ist.

Die Wohnung bietet Sicherheit, sodass man ungezwungen spielen kann.

In der allerersten Sequenz der Jagdkette hat der Mensch meist noch einen guten Einfluss auf seinen Hund. Wenn der Hund gerade erst anfängt, sich zu orientieren, ist der Hund noch ansprechbar und kann umgelenkt werden. Einige Sekunden später ist das dann meist nicht mehr der Fall. Wie gut sich das Jagen kontrollieren lässt, hängt auch von der Ernsthaftigkeit ab, mit der der Hund jagt. Ist er ein Jäger um des Jagens willen? Oder macht er es nur aus einer Langeweile heraus und als Ersatzhandlung für anderes, was er vielleicht nicht darf?

CHECKLISTE JAGDVERHALTEN

— Schnüffeln am Boden

— Schnüffeln in der Luft (Wittern)

— Spontane und starke Aufmerksamkeit bei optischen Reizen, die ins Beuteschema passen

— Geringe Impulskontrolle, also ein schnelles „Anspringen" auf Reize

— Nur draußen bemerkbar

— Hinterherrennen von bewegten Objekten und Subjekten (Radfahrer, Autos, Jogger…)

TERRITORIALES VERHALTEN ERKENNEN

Der Territorialinstinkt und das daraus resultierende Verhalten sind für Hunde sehr wichtig. Denn das Territorium des Hundes dient in erster Linie der Sicherheit. Unsichere Hunde zeigen das besonders deutlich: Wenn sie außerhalb ihres „Kernraumes" Wohnung oder Haus (oder manchmal zählt auch das Auto dazu) in eine stressige Situation kommen, flüchten viele zurück in ihr Territorium – dort fühlen sie sich sicher! Das ist der Ort, an dem man entspannt sein kann und an dem Spiel möglich ist, worauf sich einige Hunde außerhalb der eigenen vier Wände nämlich nicht einlassen.

Ebenso kann im sicheren Territorium Nachwuchs aufgezogen werden, was den bestehenden Zusammenhang zum Sexualinstinkt deutlich macht. Da das Territorium in vielerlei Hinsicht so wertvoll ist, wird es auch entsprechend geschützt. Manche Hunde verteidigen „ihren" Raum gegen Artgenossen, andere auch gegen Menschen. Wie bei jeder Instinkthandlung können dazugehörige Verhaltensweisen lediglich angedeutet werden, zum Beispiel durch ein Ohrenspitzen und durch das Orten des potenziellen territorialen Gefährders – und dabei bleibt es dann. Oder es werden mit tosendem Gebell Eindringlinge verjagt oder mit tiefem Knurren gestellt.

Was bereits als Territorialverhalten gilt

Je stärker das Territorialverhalten des Hundes ausgeprägt ist, desto leichter ist es für den Menschen als solches zu erkennen. Der Hund, der Besuch gar nicht erst ins Haus lässt oder nicht wieder hinaus, macht seine territorialen Kontrollansprüche unmissverständlich klar. Territoriales Verhalten kann aber viel unscheinbarer sein. Das Aufsuchen strategisch günstiger Liegeplätze gehört dazu. Also Orte, an denen der Hund mit wenig Aufwand möglichst viel im Blick behalten kann. Der Flur ist der klassische strategische Liegeplatz: Der Hund muss sich nicht bewegen, um mitzubekommen, wer kommt, wer geht und wer in welches Zimmer wechselt. Auch wenn der Hund nicht „auf Habacht" den

Flur bewacht, sondern dort gemütlich schläft, ist ihm doch die Wichtigkeit dieser Stelle bewusst.

Auch Liegeplätze direkt neben Zimmertüren oder auf dem Teppich in der Zimmermitte sind beliebt. Versuchen Sie doch mal, Ihren Hund ein bisschen mehr an den Rand zu platzieren. Je schwieriger es ihm fällt, dort zu bleiben, desto territorialer könnte er sein.

1. Territorial interessierte Hunde machen es sich gerne vor der Haustüre bequem.

2. Oder an Orten, an denen Sie den Flur samt Tür gut im Blick haben.

1

2

Hunde liegen aber nicht nur strategisch günstig, sie markieren unterwegs auch gerne territorial wichtige Stellen: Kreuzungen, Erhebungen oder Kuppen, generell ins Auge fallende Punkte wie einen Baumstumpf, Begrenzungspfosten etc.

Nähert man sich einer strategisch wichtigen Stelle, möchten territoriale Hunde gerne vorlaufen und sind dann schlechter ansprechbar als an weniger wichtigen Punkten. Manchen Hunden ist es wichtig, die Markierung besonders hoch anzubringen. Also am liebsten auf dem Baumstumpf anstatt daneben. So mancher Vierbeiner wird dann zum Zweibeiner und pinkelt im „Handstand". Oder er setzt seinen Haufen darauf ab, denn auch Kot kann zum Markieren genutzt werden.

Bewegungen kontrollieren

Ein anderes Anzeichen von Territorialverhalten ist das Verjagen von Lebewesen, die nicht in das vermeintlich eigene Territorium gehören, Vögel zum Beispiel. Das Aufscheuchen von Vögeln kann also nicht nur einen jagdlichen, sondern auch einen territorialen Aspekt haben. Sind sie weg, ist das Ziel erreicht. Kein Grund, weitere Energien darauf zu verschwenden.

Aus dem Umfeld hervorstehende Elemente sind beliebte Orte um mit Urin oder Kot zu markieren.

1

2

Vor allem können territoriale Hunde aber schlecht mit Dynamik umgehen. Dementsprechend versuchen sie, das bewegte Objekt zu stoppen, ihm den Weg abzuschneiden und damit körpersprachlich einen Riegel vorzuschieben, es anzuspringen oder im Zweifelsfall auch hineinzubeißen, um es zum Stehen zu bekommen. Gefährdet sind vor allem spielende Kinder, Menschen mit Tretrollern, aber auch Jogger und Radfahrer. Territoriale Hunde warnen bei neu auftauchenden Außenreizen durch Wuffen oder Bellen. Das geschieht vor allem, wenn man sich mit seinem Hund schon ein Weilchen an der gleichen Stelle aufhält. Ist der Hund im Freilauf, rennt er meist in Richtung des Reizes und bellt diesen aus nächster Nähe an. Sie machen ein

Picknick auf einer wenig frequentierten Wiese. Nach einiger Zeit kommt ein Spaziergänger vorbei. Wie reagiert Ihr Hund darauf?

Kommt einem jedoch eine größere Menschengruppe entgegen, wird das territoriale Verhalten meist weniger stark gezeigt. Bei mehreren Kontrahenten ist es aus Hundesicht durchaus vernünftig, den Ball flach zu halten – schließlich ist es wenig erfolgreich, sich gleich mit mehreren anzulegen. In bestimmten Situationen merkt man die Anspannung des Hundes dadurch, dass er sein Nackenfell aufstellt. Manchmal ist auch ein durchgängiger „Kamm" bis zum Rutenansatz zu erkennen. Solche Situationen sind zum Beispiel das Passieren enger Stellen, oder allein schon dann, wenn der Hund einen Artgenossen riecht.

1. Quer vor einem Hund zu stehen kann ein Zeichen territorialer Eingrenzung sein.

2. Hält nicht nur die Füße warm, sondern hindert auch am Aufstehen.

CHECKLISTE TERRITORIALVERHALTEN

— Bevorzugter Aufenthalt an strategisch günstigen Liegeplätzen

— Strategisches Markieren

— Ablaufen der Territoriumsgrenzen

— Stoppen von Dynamik, Bewegungseinschränkung

— Kontrollierender Kontakt zu Besuchern

— Aufstellen des Fells (Schulterpartie bis hin zum Rutenansatz) in angespannten Situationen

— Vorlaufen an strategischen Stellen

— Warnen bei Außenreizen

— Verjagen von „Außenreizen" (Vögeln, Katzen, aber auch Menschen)

— Weniger auffälliges Verhalten bei Konfrontation mit einer Gruppe Menschen/Hunde (im Vergleich zu 1:1-Situationen)

— Weniger auffälliges Verhalten in fremdem Terrain

In fremden Gebieten

Insgesamt zeigen territoriale Hunde all diese Verhaltensweisen ausgeprägter im eigenen Territorium und dort, wo sie sich regelmäßig aufhalten. Das kann die Wiese sein, die bei Spaziergängen häufig aufgesucht wird, das Auto oder das Grundstück der Schwiegereltern. Weniger dagegen wird fremdes Terrain verteidigt. Also zum Beispiel der Garten der Bekannten, bei denen man zum ersten Mal eingeladen ist. Ein Ausflug an einen Ort, an dem man noch nie war, bietet sich also gut als „territorialer Test" an. Vielleicht waren Sie mit Ihrem Hund auch schon an einem fremden Urlaubsort und wissen aus der Erfahrung dort, ob er da gleich viel oder weniger Territorialverhalten gezeigt hat. Wie so oft macht die Summe der Anzeichen die Ernsthaftigkeit des Territorialverhaltens aus. Nur weil Ihr Hund mal einen Vogel verjagt hat, ist er nicht gleich ein territorial stark interessierter Hund. Wenn Sie Ihren Hund jedoch in einigen der Beispiele wiedererkennen, könnte das ein deutliches Anzeichen sein.

SOZIAL MOTIVIERTES VERHALTEN ERKENNEN

Der Instinkt, der hinter sozial motivierten Handlungen steht, ist der sogenannte soziale Rudelinstinkt. Genau wie die anderen Instinkte auch ist der soziale Rudelinstinkt existenziell wichtig, denn das Leben in einer Gemeinschaft gibt Sicherheit. Zum einen durch Strukturen und Positionen, die

Zwei, die sich verstehen! Der soziale Rudelinstinkt ist wichtig für das Zusammengehörigkeitsgefühl.

das Zusammenleben regeln. Wenn nicht jeden Tag neu ausdiskutiert werden muss, wer welche Aufgaben, Rechte und Pflichten hat, kann wertvolle Energie für anderes gespart werden. Zum anderen wird Sicherheit durch die Stärke der Gruppe verspürt, die gemeinsam erfolgreicher ist. Das Territorium kann gemeinsam besser verteidigt werden oder bei der Jagd können größere Beutetiere erlegt werden, um nur einige Beispiele zu nennen. Dieser Instinkt ist also für die Gruppenzugehörigkeit wichtig und für die Zusammenarbeit der Rudelmitglieder verantwortlich und nötig. Und damit bietet er viele Möglichkeiten, miteinander zu kommunizieren und voneinander zu lernen – er ist für den Aufbau und die Pflege von Beziehungen entscheidend.

Hohe Kooperationsbereitschaft

Hunde, die eine dicke Scheibe sozialen Rudelinstinkt abbekommen haben, sind für Menschen meist leichter zu führen. Denn diese Hunde suchen die Nähe zum Menschen, nehmen häufig Blickkontakt auf und scheinen den sogenannten „will to please" zu haben, den Drang, „alles" richtig machen zu wollen. Genau genommen geht es darum, dass diese Hunde eine hohe Motivation haben, herauszufinden, was ihr Mensch von ihnen möchte, um dies dann möglichst gut und schnell umzusetzen. Hunde mit hohem sozialem Rudelinstinkt sind also äußerst kooperationsbereit und warten auf Handlungsanweisungen des Menschen. Als Abgrenzung sind Hunde mit wenig sozialem Rudelinstinkt meist sehr selbstständig und autark und scheinen ihren Menschen nicht wirklich zu brauchen. Dementsprechend springen sozial motivierte Hunde auch besonders gut auf die Aufmerksamkeit des Menschen an. Blickkontakt und verbales Lob sind ihre Highlights, Futterbelohnungen spielen meist eine untergeordnete Rolle. Sogenannte „Balljunkies" sind nicht sozial motivierte Hunde, sondern objektfixierte! Das ist ein großer Unterschied. Beim Balljunkie ist der Ball wichtig. Das bedeutet, dass der Hund dem Ball folgt, egal, welcher Mensch ihn wirft oder trägt. Dem sozial motivierten Hund ist die Aktion mit dem Menschen wichtig, weniger der Gegenstand. Der soziale Rudelinstinkt ist aber nicht immer nur positiv. Er kann sich auch anders äußern, nämlich dann, wenn andere (Hunde oder Menschen) zu nah an den eigenen Menschen herankommen. Vom Abschirmen und Dazwischendrängen bis zum Abschnappen und Verjagen der scheinbaren Konkurrenz kann die Spannbreite des gezeigten Verhaltens durchaus groß sein.

Verhalten auf Spaziergängen

Wer bei Spaziergängen eine Pause macht und sich hinsetzt, wird den sozial motivierten Hund die meiste Zeit in seiner Nähe wissen. Vor allem im Vergleich zu sehr selbstständigen oder jagdlich interessierten Hunden, die diese Gelegenheit für

Der sozial motivierte Hund ist meist nur kurz mit seiner Aufmerksamkeit woanders.

Sozial motivierte Hunde drängeln sich gerne dazwischen oder springen „die Konkurrenz" an.

ihre Prioritäten nutzen und sich mehr oder weniger vom Acker machen. Der sozial motivierte Hund wird höchstens ab und zu jemandem entgegenlaufen, der auf einen zukommt oder vermeintlich Kontakt mit Frauchen oder Herrchen aufnehmen möchte. Das kann auch unterwegs, also in Bewegung der Fall sein. Sozial motivierte Hunde laufen durchaus auch hinter ihren Menschen (um alles im Blick und unter Kontrolle zu haben), es sei denn, es

kommt eine spezielle Situation, die Handeln erfordert. Dann läuft der sozial motivierte Hund nach vorne, um als Erster den entgegenkommenden Hund oder Menschen zu begrüßen. Selbst wenn die Aufmerksamkeit des sozial motivierten Hundes mal woanders ist, dann meist nur kurz. Diese Hunde behalten ihren Menschen eigentlich immer im Auge und lassen die Distanz zu ihm nie zu groß werden – drinnen wie draußen.

Die Gassirunde löst sich auf. Der sozial motivierte Hund möchte gerne alle zusammenhalten.

CHECKLISTE SOZIAL MOTIVIERTES VERHALTEN

— „will to please", hohe Kooperationsbereitschaft

— Wenig selbstständig und autark

— Häufiger, unaufgeforderter Blickkontakt

— Nähe zum Menschen (sowohl in Räumen als auch draußen)

— Eifersucht (Abschirmen/Dazwischendrängen)

— Hinter dem Menschen gehen und nur in speziellen Situationen vorlaufen

— Stresssymptome, wenn sich jemand aus der Gruppe entfernt

— Unruhiges Verhalten, wenn die Aufmerksamkeit des Menschen zu lange nicht beim Hund und stattdessen bei einem anderen Menschen oder Hund ist

— Verbales Lob und Anerkennung über Körperkontakt motivieren diese Hunde

Unterhält sich der Mensch zu lange (aus Hundesicht) mit einem anderen, versuchen diese Hunde häufig, die Aufmerksamkeit auf sich zu ziehen. Dies geschieht durch unruhiges Verhalten: Anstupsen, durch Lautäußerungen, die auf eine gewisse Unzufriedenheit hindeuten lassen, durch das Ziehen an oder Beißen in die Leine, durch das Springen an die Hand.

Rudelfremde Menschen werden allerdings auch schnell als gruppenzugehörig eingestuft. Verlässt dann einer von ihnen die Gruppe, zeigen sozial motivierte Hunde oft Stresssymptome, die sie auch beim Weggehen von Frauchen oder Herrchen zeigen. Sie jaulen und bellen, sie rennen zwischen der Gruppe und der „abgespaltenen Person" hin und her, sie sind nur schwer davon zu überzeugen, ohne diese Person weiterzugehen.

SEXUELL MOTIVIERTES VERHALTEN ERKENNEN

Der Sexualinstinkt von Hunden spielt ab der Pubertät eine wichtige Rolle. Dann tritt die hormonelle Reifung ein und die Rudelerhaltung rückt in den Fokus der Aufmerksamkeit. Häufig zeigen Hunde in der Pubertät und im frühen Erwachsenenalter Verhaltensweisen, die sie bisher so nicht bzw. nicht in diesem Ausmaß gezeigt haben. Für den Hundehalter treten in dieser Phase neue Herausforderungen auf. In der Regel sind der Rückruf und das Zuhörenkönnen ganz allgemein schwieriger, wenn der Hund in sexuellem Hundekontakt steht. Mit sexuellem Hundekontakt sind nicht erst das Aufreiten und die Paarung gemeint, denn sexuell motiviertes Verhalten fängt schon viel früher an: interessiertes Schnüffeln am Artgenossen zum Beispiel oder Aufschlecken von Urin. Wenn Hunde bei diesen Aktionen, bei denen wie im Beispiel des Urinschleckens nicht mal ein weiterer Hund anwesend sein muss, nicht mehr so gut zugänglich sind, könnte dies auf einen sehr aktiven Sexualinstinkt hinweisen.

Erwachsen werden

Mit der sexuellen oder hormonellen Reifung ist aber auch das Erwachsenwerden verbunden. Die kindliche Brille wird abgenommen, und der Hund schätzt Situationen anders ein. War der nette Hundekumpel von nebenan gerade noch ein toller Spielgefährte, ist er nun ein Konkurrent. Und das durchaus in verschiedener Hinsicht. Selbstverständlich im Hinblick auf die in der Nachbarschaft lebende Hündin, aber auch bezogen auf das Territorium und seine Grenzen. Der Ernst des Lebens wird also bewusst, weshalb die Verhaltensweisen des Hundes auch ernsthafter werden. Im jugendlichen Alter noch spielerisch geübt, wird als junger Erwachsener nun ernsthaft der gleichgeschlechtliche Artgenosse angepöbelt, um nur eins der typischen Beispiele zu nennen, die mit dem Sexualinstinkt zusammenhängen können.

Ausgiebiges Schnüffeln im Anal- und Genitalbereich kann ein Anzeichen sexuell motivierten Verhaltens sein.

Manche Hündinnen werden scheinträchtig. In der Zeit werden Stofftiere wie Welpen gepflegt.

Anzeichen

Das vermehrte Auftreten von Schwierigkeiten bei gleichgeschlechtlichen Hundekontakten kann also ein deutliches Zeichen für die sexuell motivierten Handlungen des Hundes sein. Im Vergleich zu den anderen Instinkten ist der Sexualinstinkt der einzige, der geschlechtsabhängig Verhaltensvariationen hervorrufen kann. Sowohl Rüden als auch Hündinnen zeigen das gleiche Territorialverhalten oder Jagdverhalten, beim Sexualverhalten gibt es jedoch auch Unterschiede. Sexuell motivierte Rüden sind oft schlecht von Hündinnen abrufbar und das nicht unbedingt nur, wenn diese gerade läufig sind. Wittert ein Rüde jedoch eine läufige Hündin, wird der sexuell stark motivierte Hund versuchen, sie zu finden. So manch einer ist auch schon aus dem Garten ausgebüxt oder durch eine kurz geöffnete Tür entkommen. Man findet sie dann dort wieder, wo die Hündin lebt! Hat ein Rüde einen starken Sexualinstinkt, jault er auch zu Hause oder verweigert tagelang sein Futter – er hat nur die läufige Hündin im Kopf. Manche Rüden reagieren sogar auf menstruierende Frauen mit gesteigertem Interesse bis hin zu Aufreitverhalten.

Bei Hündinnen ist das sexuell motivierte Verhalten stark von hormonellen Schwankungen beeinflusst: Vor, während und nach der Läufigkeit verhalten sich Hündinnen deshalb anders als in der Zeit zwischen den Läufigkeiten. So sind auch Hündinnen schlechter ansprechbar, wenn sie sich gerade auf Partnersuche befinden. Das ist zu Beginn des Zyklus der Fall.

Insgesamt sind Hündinnen dann etwas antriebsstärker, gerade weil sie nach einem potenziellen Partner Ausschau halten. Nach den sogenannten Stehtagen, also nachdem die Hündin deckbereit war, werden Hündinnen dann ruhiger, auch wenn es nicht zu einer Verpaarung kam. Sie könnten theoretisch tragend sein, die Schwangerschaft wird durch übermäßige Aktivität also besser nicht gefährdet. Der hormonelle Ablauf im Körper einer Hündin ist der gleiche, ganz egal, ob schwanger oder nicht. Deshalb wird auch bei einer nicht tragenden Hündin Verhalten ausgelöst, das zu einer Schwangerschaft passt. So wird zum Beispiel auf andere Hündinnen zickiger reagiert, da sie Konkurrenz darstellen. Auch circa zwei Monate nach der Läufigkeit kann sich das Verhalten der Hündin nochmals ändern. Jetzt ist der Zeitpunkt, an dem die Welpen auf die Welt kommen (würden). Sind keine echten Welpen da, werden Ersatzobjekte wie Kuscheltiere oder Socken zweckentfremdet und von der Hündin liebevoll umsorgt und im Zweifelsfall auch verteidigt. Sowohl bei Rüden als auch bei Hündinnen ist vermehrtes Urinabsetzen feststellbar. Gleichzeitig werden Markierstellen anderer Hunde häufig übermarkiert. Nach dem Urinabsatz wird dann meistens gescharrt, was das Zeug hält.

Vor dem Übermarkieren kann ein intensives Schnüffeln an der markierten Stelle mit anschließendem Aufschlecken und Schmatzen beobachtet werden. Durch das Schmatzen werden der Geschmack und die darin enthaltenen Informationen intensiviert. Deswegen schmatzen manche Hunde auch vergleichsweise lange und ausgiebig. Was für uns Menschen ein wenig eklig ist, ist für sexuell motivierte Hunde eine wichtige Informationsquelle.

CHECKLISTE SEXUELL MOTIVIERTES VERHALTEN

— Schlechterer Rückruf und generell schwierigere Ansprechbarkeit, wenn Hunde auf potenzieller Partnersuche sind

— Vermehrtes Schnüffeln am Boden und an gegengeschlechtlichen Hunden, vor allem in deren Genitalbereich

— Aufschlecken von Urin mit Schmatzen und Übermarkieren

— Stärkeres Scharren nach Kot- oder Urinabsatz

— Auf gleichgeschlechtliche und unkastrierte Hunde wird weniger freundlich reagiert

— Zyklusbedingte Verhaltensänderungen (bei Hündinnen)

»Das Geheimnis,
mit allen Menschen
in Frieden zu leben,
besteht in der Kunst,
jeden seiner Individualität
nach zu verstehen.«

Friedrich Ludwig Jahn (1778 – 1852)

AUFMERKSAM, REIZEMPFÄNGLICH, REAKTIONSSCHNELL

Typ-A-Hunde haben eine kurze Zündschnur.
Erst reagieren, dann nachdenken, lautet oft die Devise

Die (Stress-)Persönlichkeit erkennen

Neben den Instinkten hat die Persönlichkeit des Hundes einen großen Einfluss auf das Verhalten. Betrachtet man beide Variablen, kann man die gemeinsamen Ausflüge genau auf seinen Hund abstimmen.

Die Kategorisierung in die Persönlichkeitstypen ist nicht immer ganz leicht oder eindeutig. Da es mir aber darum geht, ein Bewusstsein dafür zu schaffen, dass Hunde auch aufgrund von Hormonen in ihrem Verhalten beeinflusst werden, sich also nicht immer mit Vorsatz so oder so verhalten, ist eine genaue Abgrenzung für den Einzelfall nicht nötig. Sie als Hundehalter sollen lediglich dafür sensibilisiert werden, welche Gründe es für eine bestimmte Reaktion Ihres Hundes geben kann.

DIE TYP-A-PERSÖNLICHKEIT

Typ A ist der adrenalingesteuerte Typ. Wird das Stresssystem angesprochen, kommt es zu einer schnelleren Atmung, das Herz klopft schneller, der Blutdruck ist erhöht. So werden die Muskulatur und die Sinnesorgane gut durchblutet und damit reaktionsfähig gemacht. Das Wesentliche eines Typ-A-Hundes ist, dass er stets handlungsbereit und aktiv ist! Wie so oft, hat das sowohl Vor- als auch Nachteile.

Vorteile Einen neugierigen Hund zu haben, der seine Umwelt und neue Reize erkunden möchte, ist prinzipiell erst einmal gut. Typ-A-Hunde haben mit Neuem in der Regel kein Problem: Eine neue Umgebung verunsichert diesen Typ kaum, er kann sich schnell orientieren. Unbekanntes Futter wird nicht skeptisch beäugt, sondern erst einmal gefressen. Häufig ist es egal, ob ein Reiz in der Nähe oder in der Ferne auftaucht. Typ-A-Hunde reagieren meist sowohl auf den nah vorbeifahrenden Radfahrer als auch auf die am Horizont auftauchenden Menschen beispielsweise. Bei fremden Hunden wird auch gerne die Initiative ergriffen (obwohl das manchmal auch nach hinten losgehen kann). Wittert der Hund Gefahr, wird entweder mit Kampf oder Flucht reagiert – auf jeden Fall aber aktiv! Das macht ihn für seine Interaktionspartner gut lesbar. Das Gegenüber muss nicht raten, wie es dem Hund geht, sondern es ist ziemlich offensichtlich, dass der Typ-A-Hund auf etwas reagiert.

1. Aufmerksam wird ein neuer Reiz wahrgenommen.

2. Kurz darauf wird ein Satz darauf zu gemacht.

3. Um dann festzustellen, dass er doch etwas unheimlich ist.

Nachteile Die Nachteile des Ständig-aktiv-Seins sind eine gewisse Reizempfänglichkeit. Ob das Telefon klingelt oder der Wind komische Geräusche macht, der Typ-A-Hund reagiert darauf. Häufig durch Bellen, Hinlaufen zur Geräuschquelle, dem Menschen hinterherlaufen etc. Gerne werden diese Hunde auch als „Kontrollettis" bezeichnet, weil sie überall alles abklären müssen. Sie haben meist einen Drang nach vorne, fast egal, worum es geht, der Typ-A-Hund ist dabei! Auch in eigentlichen Ruhephasen sucht dieser Typ Hund Beschäftigung und gestaltet notfalls die Einrichtung um.

Das Handling dieser Hunde

Auch wenn Typ-A-Hunde relativ selbstsicher sind, ihre Emotionen zeigen und damit gut lesbar sind, ist das Handling dieser Hunde nicht immer leicht. Das trifft besonders zu, wenn es um aggressives Verhalten geht, denn hier haben Hormone ihre Finger im Spiel. Neben dem (Nor-)

Adrenalin wird auch das „Glückshormon" Dopamin im Körper freigesetzt. Die aggressive Handlung fühlt sich also richtig gut an und wirkt damit selbstbelohnend! Und wenn Hunde gelernt haben, dass Aggression Spaß macht, kann der Spaziergang zum Spießrutenlauf werden. Auch kleine Belastungssituationen führen schon zur Produktion von Noradrenalin und damit zur Dopamin-Ausschüttung, und das macht den Alltag häufig so anstrengend.

Wenn man als Hundehalter aber weiß, dass man einen Typ-A-Hund sein Eigen nennt, dann ist auch klar, dass es sich nicht um einen Hund handelt, der einen ärgern möchte oder der schlicht zu viel Energie hat, die er abbauen muss. Er kann einfach nicht anders. Diese Energien nun zu handeln und zu kanalisieren, das ist die Aufgabe des Hundehalters. Ruhe, Gelassenheit und fachkundige Anleitung sind die Schlüsselwörter für den Umgang mit Hunden dieses Typs.

3

Emotionale Stabilität

Die emotionale Stabilität hat eine
große Auswirkung auf die Typen:

— **Der stabile A-Typ** ist sicher und
souverän, auch in stressigen Situationen. Er verhält sich zweckdien-
lich und der Situation angemessen.

— **Ein instabiler A-Typ** kann dagegen in Stresssituationen wie ein
Choleriker überreagieren. Er ist
nicht stressresistent und reagiert
deshalb oft unbeherrscht. Das
zeigt der Hund meist durch diverse
Übersprunghandlungen. Das
sind Handlungen, die helfen die
momentane Spannung zu lösen:
gähnen, sich kratzen, sich schüt-
teln beispielsweise.

Mit körperlicher Betätigung und
Auslastung wird er nicht entspannter
und ruhiger, sondern wird eher noch
hochgefahren. Konzentrationsauf-
gaben wie Suchspiele etc. führen eher
zu Ruhe und Entspannung.

CHECKLISTE TYP-A-HUND

— Extrovertiert

— Drang nach vorne

— „Kontrolletti"

— Reizempfänglich

— Kann nicht so gut entspannen

— Sucht ständig Beschäftigung

TYP A – STABIL

Zusätzlich zu oben genannten Punkten:

— Souveränes und sicheres Auftreten in Stresssituationen

— Verhält sich „vernünftig"

— Klare Kommunikation in Hundebegegnungen

— Aufgeschlossen, ohne Überreaktionen zu zeigen

TYP A – INSTABIL

Zusätzlich zu oben genannten Punkten:

— Neigt zu Überreaktionen

— Reagiert in neuen oder angespannten Situationen
mit Angriff oder Flucht

— „Choleriker"

— Unruhig, „hibbelig"

— Schnell überfordert und wird dann noch hibbeliger

— Lässt sich leicht hochfahren

— Zeigt viele Übersprunghandlungen

— Oft auch aufdringlich, fordernd und rüpelig

— Meist sehr schlanke Hunde (obwohl mehr als nötig
gefüttert wird)

Außer Rand und Band

Sarah und Emmi

Endlich war es so weit: Am 23.05.2015 zog mit acht Wochen und zwei Tagen Emmi, eine Vizsla-Hündin, bei mir ein und ein lang ersehnter Wunsch nach einem eigenen Hund wurde wahr. Ich war überglücklich.

Da die Züchter wussten, dass ich Lehrerin bin und vorhatte, Emmi mit in die Schule zu nehmen, bekam ich die ruhigste Hündin des Wurfes.

Ich hatte mich lange zuvor mit der Rasse „Magyar Vizsla" beschäftigt und war der Meinung, dass sie der perfekte Begleiter für mich sei: menschenfreundlich, sensibel, ausgesprochen lernwillig, mit großem körperlichem Kontaktbedürfnis, bewegungsfreudig und auch mit dem Wunsch, geistig ge-

fordert und gefördert zu werden. Schnell musste ich jedoch feststellen, dass ich mich „völlig" überfordert fühlte und Emmi mich tagtäglich an meine Grenzen brachte. Besonders im ersten Jahr bekam ich dies immer wieder zu spüren. „Sollte sie wirklich die ruhigste Hündin des Wurfes sein? Wie mussten dann erst die anderen sein?" Heute weiß ich, dass sie für einen Vizsla wirklich sehr ruhig ist, und bin genau darüber, dass Emmi mich an meine Grenzen brachte, froh und ihr unsagbar dankbar. Denn ich habe unter anderem gelernt, dass wir gemeinsam alles schaffen können, und sie hat mir in den nun vier gemeinsamen Jahren auch sehr viel über mich selber gezeigt. Sie ist definitiv ein Typ A! Zu wissen, dass sie adrenalingesteuert funktioniert und für ihre Unruhe nichts kann, hat mir geholfen, besser mit den anstrengenden Phasen umzugehen.

Ruhe und Pausen

Das Wichtigste, das wir lernen mussten, war, Ruhe und Pausen einzuhalten und anfänglich zu erzwingen. Wenn wir nach Hause

kamen, begann der „Welpenwahnsinn". Emmi raste wie wild durch die Räume, sprang auf ihr Kissen, durchwühlte alles, sprang an mir hoch, war außer Rand und Band. Ich musste sie regelrecht zur Ruhe zwingen, habe sie so lange festgehalten und an mich gedrückt, bis sie entspannt und dankbar in meinen Armen eingeschlafen ist.

Auch in der Schule hat sie anfänglich nur zur Ruhe gefunden, wenn sie auf meinem Schoß schlafen konnte. Mit der Zeit hat sie gelernt, zur Ruhe zu kommen, und weiß, dass es weder zu Hause noch in der Schule „Action" gibt. Klar wird es bei jeder neuen Person kurz einmal ausprobiert, aber sie merkt ebenso schnell, wenn sie erfolglos ist, und dann ist das Thema durch. Heute liegt sie in der Klasse sogar häufig am liebsten mitten im Raum und somit auch im „Trubel" und ist dort tiefenentspannt, anstatt sich auf ihren eigenen Ruheplatz zurückzuziehen.

Sie ist eine Hündin, die klare Routinen und Vertrauen braucht, dann kann sie entspannt und zufrieden sein.

Kann die auch mal ruhig?

Eine Kollegin fragte mich einmal, ob Emmi auch mal ruhig sein könnte. Sie wäre immer so ein aufgedrehter Wirbelwind, den man gar nicht in Ruhe streicheln könne. Klar, sie lässt sich ganz leicht „hochfahren" – durch Bewegung und Stimme, aber das kommt auch immer auf das Gegenüber an. Wenn man ihr ruhig gegenübertritt, ist auch sie sehr viel ruhiger.

Als diese Kollegin mich einmal zu Hause besuchte, war sie erstaunt, dass Emmi nach der ersten aufgedrehten Begrüßung ganz entspannt den Rest des Abends auf ihrem Platz lag und schlief.

Wenn sie jemand Bekanntes trifft, zeigt sie ihre Freude deutlich und das soll und darf sie auch, hat aber gelernt, denjenigen nicht anzuspringen. Klappt zu 95 % ... sie ist und bleibt halt ein Vizsla.

»Danke, Emmi – für jeden Tag mit dir! Ich bin stolz auf uns!«

Der Typ B – besonnen, gelassen, introvertiert.

DIE TYP-B-PERSÖNLICHKEIT

Typ B ist der cortisolgesteuerte Typ. Cortisol ist ein wichtiges Stresshormon, das auch den Blutdruck beeinflusst. Allerdings in einer anderen Richtung als das Adrenalin beim A-Typ. Cortisol aktiviert abbauende Stoffwechselvorgänge und hat deshalb eher eine dämpfende Wirkung. Hunde des Typ B sind also eher zurückhaltend, abwartend und zeigen sich eher gelassen. Wird ein Typ-B-Hund mit einem neuen Reiz konfrontiert, beobachtet er häufig erst einmal und wartet ab; Neue Hunde werden zunächst aus der Ferne beäugt, es wird eher nicht die Initiative für Bekanntschaften ergriffen. Unbekanntes Futter wird erst ausgiebig beschnüffelt und vorsichtig angeleckt oder mit spitzen Zähnen gekaut, bevor es gefressen wird. Prinzipiell beobachten diese Hunde gerne, ohne auf die gesehenen Reize „anzuspringen". Während Typ A beispielsweise bellend zum Zaun läuft, bleibt Typ B am Terrassenfenster sitzen und schaut erst einmal, wie sich die Situation so entwickelt. Während Typ A dem Besuch in der Wohnung hinterherläuft, verfolgt Typ B ihn eher mit den Augen und behält ihn im Blick.

Beobachtend und introvertiert

Bei auftauchenden Schwierigkeiten oder Problemen scheinen die Hunde dieses Typs erst einmal nachzudenken. Erst dann folgt eine, meist besonnene und zielgerichtete Handlung. Steht der Entschluss fest, kann man den Hund nur sehr schwer vom Gegenteil überzeugen. Typ-B-Hunde verfolgen ihren Plan, wenn sie ihn erst einmal haben. Worte, mit denen sich Typ-B-Hunde gut beschreiben lassen, sind: besonnen, gelassen, introvertiert, passiv, abwartend und beobachtend. Auf den ersten Blick erscheint das Zusammenleben mit Typ-B-Hunden leichter, weil sie ruhiger und unauffälliger sind. Sie fügen sich gut in den Alltag ein und sind damit leichter zu führen. Zwei hauptsächliche Schwierigkeitsbereiche gibt es mit Typ-B-Hunden jedoch. Der eine bezieht sich darauf, dass sie schwer vom Gegenteil zu überzeugen sind, wenn sie einmal einen Entschluss gefasst haben. Als „sture Esel" werden diese Hunde dann häufig bezeichnet.

1. Warten auf Bekannte.

2. Als sie entdeckt werden, wird trotzdem erstmal abgewartet – ganz anders als ein Typ A es machen würde.

1

2

Aus ganz bequemen Positionen verfolgt der Typ B zunächst mit den Augen das Geschehen.

In solchen Situationen sind sie kaum ansprechbar und aufgrund dessen auch schwer zu führen. Die zweite Schwierigkeit zeigt sich, wenn der Hund bereits länger andauerndem Stress ausgesetzt war. Dann macht sich die Wirkung des Cortisols noch deutlicher bemerkbar: Die Hunde sind depressiv, ziehen sich stark zurück, zeigen kein Interesse an der Umwelt.

Sie haben häufiger Angstreaktionen und Konzentrationsschwierigkeiten. Das kann von Stoffwechselerkrankungen begleitet werden. Die Hunde sind anfälliger für Infektionen, Parasiten und alles, was von einem geschwächten Immunsystem abgeleitet werden kann. Gleichzeitig kann mit der Erhöhung des Cortisolspiegels auch eine Futteraggression einhergehen.

Emotionale Stabilität

Auch beim Typ B spielt die Stabilität eine große Rolle:

— **Stabile B-Typen** sind ähnlich wie stabile A-Typen in Stresssituationen souverän. Stabile B-Typen zeichnen sich über eine besondere Gelassenheit und Ruhe aus.

— **Instabile B-Typen** sind dagegen eher unsicher, schwach und an Rückzug interessiert. Ist der Stressor zu groß, können sie entweder erstarren und lassen alles über sich ergehen oder sie reagieren aggressiv und bissig. So entladen sich die negativen Emotionen, die über die Zeit aufgebaut wurden.

Dass ein stabiler B-Typ andere Spaziergänge mit anderen Aufgaben benötigt als ein instabiler A-Typ, leuchtet ein. Wenn einer davon zusätzlich jagdlich motiviert ist und damit extern orientiert ist, der andere durch einen hohen sozialen Rudelinstinkt aber immer den eigenen Menschen im Blick hat, wird noch deutlicher, dass sich die gemeinsamen Ausflüge an der Individualität des jeweiligen Hundes orientieren sollten. Pauschale Aussagen wie „jeder Hund sollte …" oder „als Hundehalter muss man sich so und so verhalten" stimmen also nicht – zumindest nicht für die ganze Allgemeinheit, sondern nur für einen bestimmten Hundetyp.

CHECKLISTE TYP-B-HUND

— Introvertiert

— Abwartend

— Beobachtend

— Nachdenklich

— Willensstark bei einmal getroffenen Entscheidungen

TYP B – STABIL

Zusätzlich zu den oben genannten Punkten:

— Gelassen

— Souverän

— Steht nicht ständig im Mittelpunkt

— Wenig Streit mit anderen Hunden

— Nicht nachhaltig bzw. lange beeindruckt von unangenehmen Erfahrungen

TYP B – INSTABIL

Zusätzlich zu den oben genannten Punkten:

— Sehr unsicher

— Wirkt schwach

— Zieht sich viel zurück

— Neigt zu Meideverhalten (häufig auch von bestimmten Orten, obwohl der stressauslösende Reiz nicht mehr da ist)

— Häufiger Blickkontakt

— Immunschwäche

Mit der Nase unterwegs ...

Verena und Sammi

Sammi kam mit zwei Jahren aus einem Tierheim in Bulgarien zu uns und hatte bis dahin noch nichts außerhalb des Tierheims kennengelernt. Das alleine war gar nicht unbedingt das Problem, aber Sammi war vom Typ her ein sehr unsicherer Hund. Nicht nur wenn es um Umweltreize wie vorbeifahrende Autos, Kinderwagen oder Fahrräder ging, sondern auch in Bezug auf Menschen- und Hundekontakte. Dunkel gekleidete Menschen verunsicherten ihn und vor allem größere und dynamische Hunde hat er anfangs gerne „weggebissen".

Wie kann ich Sammi mehr Sicherheit geben?

An die Umweltreize und an alle für ihn fremde „Objekten" konnte ich ihn Schritt für Schritt heranführen, indem ich ihm gezeigt habe, dass von diesen Objekten keine Gefahr ausgeht. Ich ging auf den Gegenstand zu, begutachtete oder berührte ihn und Sammi machte es mir dann nach. Aber in Bezug auf den Kontakt zu Menschen und anderen Hunden gab es weiterhin Schwierigkeiten. Meine Hundetrainerin hat mir deshalb dazu geraten, Sammi durch „Suchspiele" dazu zu bringen, sich mehr auf sich zu konzentrieren und äußere Reize für einen Moment lang auszuschalten.

Sammi, „such"!

Das wurde also unser neues und schnell liebgewonnenes Hobby! Angefangen mit kleinen Suchspielen in der Wohnung merkte ich schnell, dass Sammi nicht nur großen Spaß daran hatte, sondern während der Suche sehr konzentriert war. Er hat dabei sogar manchmal das Klingeln an der Tür kaum registriert! Draußen versteckte ich Leckerchen am Baum oder unter Laub und Sammi ging schwanzwedelnd auf die Suche.

Jetzt soll ich auch noch Menschen suchen?

Der eigentliche „Durchbruch" kam aber erst, nachdem wir ein paarmal beim Mantrailing-Kurs mitgemacht haben. Sammi suchte eine Person, die ihm völlig fremd war, und wurde dann auch noch von ihr gefüttert! Da Futter das Größte für ihn ist, überwand er seine Scheu und fraß der fremden Person förmlich „aus der Hand". Auch vorbeilaufende Hunde schienen ihn in diesem Moment nicht mehr zu stören, denn er nahm sie nur am Rande wahr. Seine Konzentration war einzig und allein auf die Suche ausgerichtet! Sammi ist mittlerweile viel selbstbewusster geworden und lässt sich sogar gerne von anderen Personen streicheln! Er mag zwar nach wie vor nicht jeden Hund und zeigt sich in einigen Situationen noch unsicher, aber wir arbeiten weiter daran und sind vor allem stolz auf das, was wir schon alles erreicht haben!

GEMEINSAM

UNTERWEGS

UMGANG BEI PROBLEMVERHALTEN

Ablenken des Hundes, damit der Radfahrer nicht angegangen wird, sollte eine Übergangslösung sein. Mit Erziehung und Training kann erwünschtes Verhalten oft sogar kurzfristig herbeigeführt werden.

Anregungen und Übungen für die einzelnen Hundetypen

Wer gemeinsam mit seinem Hund unterwegs ist, kann ihn entweder „nur" bespaßen oder gezielt an bestimmten Themen (z. B. an einer Umweltsicherheit) arbeiten. Das hängt natürlich davon ab, was für einen Hund man hat.

Ist der Vierbeiner einfach nur ein netter Hund, der keine Probleme macht und hat, muss man als Hundehalter nicht ganz so viel beachten und kann sich auf die Sachen, die Spaß machen, konzentrieren. Aufgaben und Tricks, die ankonditioniert wurden, können Abwechslung in den Alltag bringen. Sobald man aber die Beziehung zum Hund klären möchte und darüber auch bestimmte Schwierigkeiten im Zusammenleben und bei Spaziergängen angehen möchte, kommt man nicht ohne Erziehung aus.

DER UNTERSCHIED ZWISCHEN GUT ERZOGEN UND GUT TRAINIERT

Ein gut trainierter Hund ist nicht automatisch ein gut erzogener Hund. Mit Training und Dressur sind Hunde sicherlich gut kontrollier- und lenkbar. Ein Beispiel: Nehmen wir einen Hund, der aus territorialen Gründen jedem Radfahrer vor die Räder läuft, um ihn zum Anhalten zu bringen. Ist der Hund gut trainiert, kann er mit einem „Sitz,

bleib!" oder „Stopp!" davon abgehalten werden, das zu tun. Das ist viel Wert, keine Frage. Ein Hund, der dagegen nicht bloß dressiert, sondern auch gut erzogen ist, weiß, dass sich dieses Verhalten nicht gehört und auch nicht notwendig ist, wenn er mit seinem Menschen unterwegs ist. Denn der Zweibeiner kümmert sich um territoriale Belange, es ist nicht die Aufgabe des Hundes. Wenn der Hund das verstanden hat, ist eine Regulierung über Wortsignale nicht mehr nötig, denn der Hund zeigt das Verhalten im besten Fall erst gar nicht. Um das zu erreichen, muss man jedoch viel Beziehungsarbeit geleistet haben. Der Hund muss das Vertrauen entwickeln können, dass sein Mensch ein zuverlässiger Partner ist, der für Sicherheit sorgt und die wesentlichen Dinge im (Hunde-)Leben erkennt und sich darum kümmert. Auf diese Weise kann sich ein Hund besser entspannen und ist für Beschäftigungsangebote unterwegs zugänglich(er). Er hat damit eine andere Aufgabe, auf die er sich konzentrieren kann.

Hat Ihr Hund also ein Thema, sei es bei Begegnungen mit Menschen oder Hunden, bei denen er aggressiv oder ängstlich reagiert, oder verteidigt er Sie vor anderen, dann empfehle ich Ihnen mit professioneller Hilfe genauer hinzuschauen. Die Auslastung über „Tricks" wird Ihr Problem nicht lösen, Beziehungs- und Erziehungsarbeit ist vonnöten. Mit der erarbeiteten Basis profitieren sowohl Sie als auch Ihr Hund dann deutlich mehr von den vorgeschlagenen Übungen in diesem Buch.

Bei den folgenden Aufgaben und Beschäftigungsideen wird vorausgesetzt, dass Sie eine möglichst harmonische, entspannte Beziehung anstreben und einen möglichst souveränen, gut kontrollierbaren und netten Begleiter möchten. Auf keinen Fall geht es also darum, starkes Territorialverhalten weiter zu fördern oder Jagdverhalten zu begünstigen.

Die Übungen sind nach den beschriebenen Typen und Instinkten kategorisiert. Da manche Trainingsideen aber für mehr als einen Typ empfehlenswert sind, erkennen Sie an der Markierung, für welche anderen Typen die Übung noch geeignet ist. So erhalten Sie eine Varietät an Übungen, die für Ihren Hund passend sein können.

Bei Unsicherheiten für den Hund da zu sein, ist Basis einer guten Beziehung.

Für den jagdlich motivierten Hund

Jagdinteressierte Hunde sind oft mit dem sogenannten Tunnelblick (bzw. mit der „Tunnelnase") unterwegs und haben kaum Augen und Ohren für ihren Menschen. Bei ihnen geht es also vor allem um das Kontrollierbarmachen von Jagdverhalten.

Gleichzeitig aber auch um eine gemeinsame Beschäftigung, der als Alternative für das Jagen nachgegangen werden kann. Und schließlich dienen die Übungen auch dem Aufbau einer gewissen Reizkontrolle und der Verbesserung der Abrufbarkeit.

DIE SACHE MIT DEM BALL

Wer „blind" einfach nur den Ball wirft, um seinem Hund eine alternative Jagdmöglichkeit zu geben, der degradiert sich zur Wurfmaschine und der Ball erhält eine große Bedeutung. Denn meistens wird dann geworfen, wenn der Hund es durch Springen oder Bellen eingefordert hat.

Wenn man jedoch darauf achtet, dass der Ball (oder was auch immer) dann geworfen wird, wenn der Hund ruhiges und abwartendes Verhalten zeigt und wenn er (Blick-)Kontakt mit seinem Menschen aufgenommen hat, entgeht man dieser Gefahr. Spielerisch kann man so dem Hund vermitteln, wer die Entscheidungen trifft. Der Mensch sagt, wann was apportiert wird, und schafft damit viel Struktur und Kontrolle. So lernt ein Hund auch abzuwarten und auf das Signal des Menschen zu achten. Der Mensch spielt also eine entscheidende Rolle, nicht das Objekt, mit dem apportiert wird. Gleiches gilt auch für Fährten oder andere jagdliche Beschäftigungen: Wenn der Mensch das Startsignal gibt und Handlungen auch abbrechen kann, besteht keine Gefahr, Jagdverhalten zu fördern. Abgesehen davon, dass das Jagdverhalten sowieso eine Instinkthandlung ist, die in jedem Hund verankert ist. Es ist also ohnehin schon da!

ORT UND BEUTE WÄHLEN

Es ist besonders wichtig, sich erst einmal Orte zum Üben zu suchen, an denen sich der Hund auch auf seinen Menschen einlassen kann. Das ist nicht der reizvolle Wald, sondern im Zweifelsfall erst einmal das Industriegebiet, der leere Supermarktparkplatz oder das Wohnzimmer. Hier soll Ihr Hund Spaß an der gemeinsamen Jagd mit Ihnen entwickeln. Und da auch Sie sich dort nicht beobachtet fühlen, können Sie ganz ausgelassen und emotional an die Sache herangehen und zur gemeinsamen Jagd einladen.

Ruckartiges Wegbewegen der Ersatzbeute animiert zum Hinterherlaufen.

Genauso wichtig ist es, dass Ihr Hund die Beute interessant findet. Gerade jagdlich interessierte Hunde finden es toll, wenn die Beute (Kunst-)Fell hat. Es sollte also ein Gegenstand sein, den er sonst nicht zur Verfügung hat, damit dieser etwas Besonderes ist. Für Hunde, die sehr erwachsen und wenig kindlich und verspielt sind, empfehle ich einen Futterbeutel, damit die Jagd auch wirklich Sinn macht: jagen, packen, fressen! Viele Hunde lassen sich so zur Zusammenarbeit und zum Apportieren animieren, weil die Handlung in ihren Augen sinnvoll ist. Es geht also nicht um einen Leckerchen-Beutel, sondern um das Erarbeiten-Dürfen der ganz normalen Futterportion. Wenn man für seine Anstrengungen belohnt wurde, gibt das ein gutes Gefühl. Viel besser, als „einfach so" Futter vor die Nase gesetzt zu bekommen.

ÜBUNGEN, DIE SICH DARAUS ERGEBEN:

Mäusejagd Bewegen Sie Gegenstände so über den Boden, wie sich eine Maus bewegen würde: ruckartig, schnell, mit kurzen Verweilmomenten, bevor weitergelaufen wird. Haben Sie das Interesse Ihres Hundes, wird der Gegenstand ein bis zwei Meter zur Seite geworfen und Ihr Hund kann die Beute fangen. Wenn Ihr Hund nicht sowieso schon apportiert, können Sie durch Rückwärtslaufen und Locken Ihren Hund dazu animieren, mit der „Beute" zu Ihnen zu kommen. Dann geht der Spaß in die nächste Runde. Hat Ihr Hund Interesse daran, können Sie auch ein kurzes „Sitz!" oder „Platz!" einbauen, bevor er die Beute haben darf. Das kann das Interesse an der Beute erhöhen.

Ja | Ter | Soz | Sex | A+ | A- | B+ | B-

Kleine Hatz Die gerade beschriebene Übung lässt sich auch mit einer Schnur am Gegenstand variieren. Jetzt wird der Radius etwas größer, der Hund hat sogar die Möglichkeit, die Beute über eine kurze Distanz zu hetzen. Diese Übung hat auch den Vorteil, dass Ihr Hund mit der Beute nicht einfach abhauen kann, sondern sie zu Ihnen bringen muss (um das Spiel weiterzuspielen bzw. um an das Futter in der Beute zu kommen).

Fliegende Beute aus der Luft zu fangen, macht vielen Hunden besonders Spaß.

Spurensuche Ziehen Sie etwas stark Duftendes wie einen getrockneten Pansenstreifen, ein Schweineohr oder einen (nassen) Futterdummy an einer Schnur über den Boden und legen Sie so eine Geruchsspur. Am Ende liegt das, was Sie an der Schnur hinter sich hergezogen hatten. Nun holen Sie Ihren Hund (der noch zu Hause oder im Auto oder bei einer weiteren Person wartet) und zeigen ihm den Anfang der Spur. Arbeiten Sie am besten mit einer Schleppleine (und einem Brustgeschirr), dann können Sie sich exakt auf der Spur bewegen und Ihren Hund über die Schleppleine noch ein paar Meter nach rechts und links lassen, damit er die Spur ausarbeiten und sich zum Ziel schnüffeln kann. Sollte er mal „rauskommen", zeigen Sie ihm, wo es weitergeht. Als Team arbeiten Sie damit gut zusammen und sind erfolgreich! Und am Ende wartet natürlich die Beute!

1. Die Geruchsspur wird gelegt.

2. Danach erschnüffelt sich der Hund entlang der Spur den Weg zum Ziel.

1

2

3

1. Erst wird an einer Stelle so getan, als ob die Beute abgelegt wird.

2. Danach noch an weiteren Stellen.

Freie Suche Im Kleinen kennen und machen das die meisten Hundehalter. Es werden Futterbrocken vom Hund weggeworfen, die er sich dann erschnüffeln kann. Wenn der Hund sieht, wo die Stücke gelandet sind, hat er einen Anhaltspunkt, zu dem er laufen kann. Schwieriger wird es, wenn der Hund nicht gesehen hat, wo das Objekt der Begierde gelandet ist. In einem etwas größeren Rahmen können Sie Dummys oder Spielzeug über eine weite Distanz werfen, vielleicht sogar zwei oder drei Gegenstände. Wenn Sie jetzt noch etwas Zeit vergehen lassen, bis Sie Ihren Hund zum Suchen schicken, muss er sich länger konzentrieren, um sich die „Fallstelle/n" zu merken und alles wiederzufinden. Eine weitere Alternative wäre es, mit der Ersatzbeute kreuz und quer durch einen Bereich im Wald zu laufen und viele Verstecke anzutäuschen. Abgelegt wird die Beute aber natürlich nur an einer Stelle. Ihr Hund beobachtet Sie und kann dann durch Ihre Täuschungsmanöver die Beute im Anschluss länger suchen.

Ja	Ter	Soz	Sex	A+	A–	B+	B–

Bewusster Rückruf Ganz ehrlich: Wie oft rufen Sie Ihren Hund und wissen dabei eigentlich schon, dass er nicht kommen wird? Man kennt seinen Pappenheimer ja! Wenn er nie aus dem Spiel mit anderen Hunden rückrufbar ist, warum wird er dann immer wieder gerufen? So lernt er im ungünstigsten Fall, dass er sich aussuchen kann, bei welchem der achtundzwanzig „Hier" er kommen kann. Oder er denkt sich, dass er Frauchen ja noch rufen hört, sie kann also nicht weit sein – kein Grund, schon mit dem Spielen aufzuhören und zu ihr zu laufen.

Rufen Sie also im besten Fall nur noch, wenn Sie eine Chance sehen, dass Ihr Hund auch kommt. Alle anderen Situationen müssen sie vorerst anders lösen, zum Beispiel durch zügiges Weitergehen, einfangen (lassen) oder im Zweifelsfall durch eine Schleppleine.

| Ja | Ter | Soz | Sex | A+ | A- | B+ | B- |

Die Schleppleine kann ein gutes Hilfsmittel sein, um den Rückruf zu verbessern.

1

2

1. Erst an den Hund anschleichen, bis er aufmerksam ist.

2. Dann davonrennen, bis er hinterherläuft. So kann der Rückruf geübt werden.

Rückruf-Basics Beginnen Sie mit einem kleinen „Aufmerksamkeitstest" und rufen Sie Ihren Hund erst einmal nur mit seinem Namen. Folgt keine Reaktion, können Sie sich auch das Rückrufsignal sparen, denn die Wahrscheinlichkeit ist sehr gering, dass er daraufhin kommt. Reagiert Ihr Hund auf seinen Namen jedoch, und sei es nur mit dem Eindrehen eines Ohres in Ihre Richtung, steigt Ihre Chance auf das Zurückkommen erheblich. Setzen Sie sich jetzt in Bewegung. Fast egal, was Sie machen: rückwärtslaufen, klatschen, auf den Oberschenkel klopfen ... Hunde sind besonders empfänglich für Bewegungsreize. Wenn sie auf ihren Namen bereits reagiert haben und dann eine Bewegung Ihrerseits wahrnehmen, dann halten sie meist auch die Aufmerksamkeit und laufen im besten Fall auch auf Sie zu.

Da Hunde häufig aus dynamischen Situationen zurückgerufen werden, finden sie meistens auch eine dynamische Belohnung toll. Wer gerade vom Jagen abgehalten wurde oder Spaß mit seinen Hundekumpels hatte, findet es oft nicht so prickelnd, nach dem Rückruf ausgebremst und gestreichelt zu werden. Streicheln passt prima ins Wohnzimmer, aber nicht unbedingt nach draußen. Gemeinsam mit dem Hund ein Stück zu laufen oder einen Gegenstand zu werfen, den der Hund dann haben darf, ist häufig eine bessere Wahl bei der Frage nach der richtigen Belohnung. Und zu guter Letzt: Teilen Sie Ihrem Hund mit, wann er sich wieder von Ihnen wegbewegen darf. Viele Hunde kommen zwar, holen sich im Vorbeilaufen schnell das Leckerchen ab und sind dann schon wieder weg. Dabei sollte der Rückruf bedeuten, dass der

Hund so lange bei Ihnen bleibt, bis man ihn wieder „entlässt". Geben Sie Ihren Hund also mit einer Geste und dem dazu passenden Wort wieder frei. Gängig sind Signale wie „Lauf!", „Ab!" oder „Los!". Das gilt übrigens für jedes Signal, nicht nur für das Herankommen.

Rückruf unter Ablenkung

Legen Sie einen Gegenstand aus, an dem Ihr Hund auf dem Weg zu Ihnen vorbeilaufen muss. Dieser Ablenkungsreiz sollte nicht direkt das Lieblingsspielzeug Ihres Hundes sein oder ein großes Stück Käse. Starten Sie erst einmal mit weniger interessanten Objekten. Wenn das gut klappt, können Sie spannendere Sachen auslegen. Die Übung gelingt leichter, wenn der Gegenstand anfangs ein paar Meter vom Weg des Hundes entfernt liegt. Je näher, desto schwieriger. Und wer es doppelt schwierig mag, der legt gleich zwei Gegenstände aus, durch die der Hund dann hindurchlaufen muss!

1. An einem Dummy vorbeizulaufen, fällt diesem Hund noch leicht.

2. Bei zwei Gegenständen ist die Verlockung schon groß und der Rückruf schwieriger.

3. Nach etwas Übung klappt es!

1

2

3

»Zeit haben füreinander ist das schönste Geschenk.«

Alois Wagner

UMGANG MIT TERRITORIALVERHALTEN

Damit der Hund Passanten nicht anknurrt,
hält sein Mensch für ihn die Lage im Blick.

Für den territorialen Hund

Der territoriale Hund sollte nicht weiter in seiner territorialen Verantwortlichkeit bestärkt werden, weil das in der Regel zu Problemen führt, es sei denn, man lebt total einsam. Wer aber täglich andere Menschen und Hunde trifft, kann ausgeprägtes Territorialverhalten nicht unbedingt gebrauchen.

Jetzt kann dem Hund aber schlecht etwas verboten werden, was ihm wichtig ist. Der Kompromiss ist, dass der Hund das Territorialverhalten zwar nicht komplett ausleben darf, sich dafür aber sein Halter um territoriale Belange kümmert. Das kann in vielen kleinen und alltäglichen Situationen geschehen. Wenn Sie mit dem Auto zur Spazierrunde fahren, können Sie besonders gut Territorialverhalten zeigen: Steigen Sie aus dem Auto aus und checken schon mal die Lage – Ihr Hund beobachtet Sie dabei aus dem Auto. Stellen Sie sich vor, was Ihr Hund tun würde und wo er zuerst hinlaufen würde. Tun Sie dies auch, aber ganz souverän und ruhig. Gehen Sie eine Runde über den Parkplatz, schauen Sie sich alles an. Danach holen Sie Ihren Hund und gehen angeleint direkt los. Ihr Hund sollte nicht nachkontrollieren dürfen, sondern sich darauf verlassen, dass Sie das alles schon gut und richtig gemacht haben. Ihr Hund wird Augen machen, weil Sie plötzlich ein Auge für wichtige Situationen haben! Auch für sehr unsichere Hunde ist das eine wichtige Aktion. Denn der Mensch sorgt damit für Sicherheit.

BÖGEN UND GELÄNDEWECHSEL

Wenn Sie können, vermeiden Sie frontale Begegnungen. Sie wirken besonders provokant. Oft reicht ein kleiner Bogen zur Seite schon aus, um die Situation zu entspannen.
Was bei territorialen (jedoch nicht bei umweltunsicheren) Hunden empfehlenswert ist, sind häufige Geländewechsel. Je öfter ein Hund an einem Ort ist, desto eher denkt er, dass es sein Gebiet sei.

Es geht darum, Ihrem Hund zu signalisieren, dass Sie ein territoriales Bewusstsein haben. Sie begeben sich also zuerst an unübersichtliche Stellen und behalten die Umwelt im Auge. Und wenn Sie fremde Menschen oder Hunde sehen, schauen Sie für einen Moment ganz bewusst hin. Ihr Hund wird registrieren, dass Sie den „Eindringling" auch gesehen haben. Am besten bieten Sie ihm nun ein Alternativverhalten an, denn er soll die Fremden nicht anbellen oder zu ihnen hinlaufen, sondern z. B. neben ihnen hergehen, bis man vorbeigelaufen ist. Am besten nehmen Sie die Position zwischen Ihrem Hund und den Fremden ein. Wer näher dran ist, kann besser handeln.

ÜBUNGEN, DIE SICH DARAUS ERGEBEN, SIND ZUM BEISPIEL:

Apportierübung an Kreuzungen Legen Sie einen Gegenstand hinter Ihrem Hund aus, bevor Sie sich zum Mittelpunkt einer Kreuzung begeben, um die Lage zu prüfen. Anstatt ihn einfach nur zu sich zu rufen, schicken Sie ihn zum Apportieren, jetzt darf er den Gegenstand einsammeln. Damit hat Ihr Hund einen anderen Fokus und ist nicht (nur) mit territorialen Gedanken beschäftigt. Gleichzeitig kann so das Markieren an strategischen Orten vermieden werden, da er ja beschäftigt ist.

Ja | Ter | Soz | Sex | A+ | A– | B+ | B–

1

2

1. An strategischen Orten wie Kreuzungen wartet der Hund, bis sein Mensch sich einen Überblick verschafft hat.

3. Danach wird er Hund zum zuvor ausgelegten Dummy geschickt.

Der Hund wird in seiner Vorwärtsbewegung gebremst.

„Stopp!" – und schon hält die Radfahrerin an!

Fremde begrüßen Geben Sie einer entgegenkommenden Person die Hand zur Begrüßung, ohne dass diese die Hundenase oder Pfoten Ihres Hundes spürt. Gut trainierte Hunde bleiben im Sitz leicht hinter Ihnen sitzen. Eine andere Variante wäre es, den Hund immer wieder zurück in die zweite Reihe zu schieben, bis er verstanden hat, dass er nicht an Ihnen vorbeilaufen soll. Zurückschieben an der Hundebrust oder den Weg mit dem eigenen Bein versperren sind gute Mittel dafür. Die Machbarkeit dieser Variante hängt stark vom Hundetyp ab. Auf keinen Fall soll sich die Diskussion aufschaukeln und zum Streit werden. Vielmehr geht es darum, klare Grenzen zu setzen. Werden diese vom Hund nicht akzeptiert, ist es sicherer, den Hund hinter sich anzuleinen, sodass er Sie nicht überholen kann, während Sie die andere Person begrüßen. Hat man das einige Male praktiziert, geht es vielleicht auch, ohne den Hund dafür anleinen zu müssen. Erst wenn Sie Ihren Hund auffordern, kann er die andere Person begrüßen.

Dynamik kontrollieren (von rennenden Kindern, Radfahrern etc.) Hierfür benötigen Sie ein paar Eingeweihte, die nach Ihrer Pfeife tanzen. Da territoriale Hunde dynamische, unkontrollierte Bewegungen schlecht aushalten können, müssen Sie als Vorbild fungieren. Ihr Hund ist ein Stück hinter Ihnen und kann nicht eingreifen, weil er entweder angeleint, in einer Box oder im zuverlässigen „Bleib!" ist. Sie dirigieren die eingeweihten Menschen (Kinder, den Radfahrer oder was auch immer für Ihren Hund schwierig ist) durch die Gegend. Und zwar mit gleichen Worten und Gesten, wie Sie sie auch Ihrem Hund gegenüber benutzen. Besonders effektiv ist ein Stoppen der Bewegung auf Ihr Signal. Sie können aber auch Ihre eingeweihten Helfer nach rechts oder links dirigieren, absetzen und bleiben lassen usw. Mit Kindern kann das ein lustiges Spiel werden. Durch diese Übung soll Ihr Hund begreifen, dass Sie alles unter Kontrolle haben. Und das sogar mit ruhiger Stimme, eben nicht so aufgedreht und übertrieben, wie es so mancher Hund tun würde.

1

2

3

1. Genau beobachten:
Wann schaut der Hund nicht mehr
zum spannenden Reiz?

2. Jetzt wird er angesprochen ...

3. ... und eine Alternative angeboten

Wegschauen belohnen Viele Hunde sind von dem, was sie beobachten, sehr gefesselt. Mithilfe einer Schleppleine können Sie üben, dass sich das Abwenden vom Reiz für Ihren Hund lohnt. Durch die Schleppleine bremsen Sie ihn aus bzw. halten ihn fest und sorgen dafür, dass er nicht zu dem Reiz laufen kann. Sie verhalten sich ganz ruhig und abwartend. Sobald Ihr Hund einmal zur Seite schaut bzw. mit etwas anderem als dem Reiz beschäftigt ist, sprechen Sie ihn an und werfen ihm einen beliebten Gegenstand in die andere Richtung, also weg vom Reiz. Mit reichlich Übung merkt Ihr Hund, dass sich das Abwenden vom Reiz lohnt und eine gute Idee ist. Beginnen Sie die Übung leicht, indem der Reiz nicht gerade der Erzfeind Ihres Hundes ist, sondern etwas, was zu weniger Aufregung führt. Ist der Reiz zugleich weit weg, haben Sie gute Chancen, dass Ihr Hund auch wegschauen wird. Je besser er die Übung verstanden hat, desto näher kann der Reiz kommen bzw. desto spektakulärer darf der Reiz werden.

Stopp-Signal Wenn Hunde schon auf dem Weg zu einem Hund, einer Person oder etwas anderem Spannenden sind, fällt es ihnen manchmal leichter, stehen zu bleiben anstatt direkt zurückzukommen und damit das Spannende aus den Augen zu verlieren. Ein „Hier!" klappt also leider häufig nicht, ein „Stopp!" könnte dagegen eine gute Alternative sein, die den Rückruf in einem zweiten Schritt möglich macht oder zumindest ausreicht, um seinen Hund anzuleinen. Jedes Mal, wenn Sie abrupt mit Ihrem angeleinten Hund stehen bleiben, sagen Sie „Stopp!" oder ein anderes Wort, das Sie für das Anhalten nutzen möchten. Das bietet sich zum Beispiel an Gehsteigen vor dem Überqueren der Straße an. Jetzt hört Ihr Hund das Signal in dem Moment, in dem er die gewünschte Handlung tut – nämlich anzuhalten. Haben Sie oft genug Gelegenheit gehabt, das zu üben, geht es im nächsten Schritt darum, Distanz aufzubauen. Nutzen Sie dafür eine Schleppleine. Wenn Ihr Hund vor Ihnen geht, rufen Sie „Stopp!" und bremsen Sie Ihren Hund notfalls mit der Schleppleine aus. Sobald alle vier Pfoten stehen, belohnen Sie ihn dafür.

Konfrontation mit Dynamik Sind Begegnungen mit fremden Hunden oder Menschen schwierig, wird meistens versucht, den Hund über ein Sitz-Signal unter Kontrolle zu bringen. Gerade für territoriale Hunde ist solch eine statische Situation aber besonders schwierig. Im Sitzen lässt sich der Entgegenkommende gut anstarren und die Emotion kocht hoch. Haben Sie solch einen Hund, dann versuchen Sie doch mal, diesen Situationen dynamischer zu begegnen. Joggen Sie beispielsweise mit Ihrem Hund vorbei. Auf keinen Fall jedoch frontal auf den anderen zu, sondern immer in einem kleinen Bogen, das ist eine deutlich freundlichere und deeskalierende Begegnung. Durch die erhöhte Dynamik kann sich Ihr Hund nicht so festfahren, denn er muss mithalten.

1. Eine frontale Position und ein deutliches Handzeichen unterstützen das verbale „Stopp!"

2. Lieber mit etwas Abstand vorbei als frontal drauf zu.

1

2

IMMER GANZ NAH

Räumliche Nähe und den Menschen im Blick zu behalten,
ist dem sozial motivierten Hund besonders wichtig.

Für den sozial motivierten Hund

Ähnlich wie beim jagdlich motivierten Hund sind sozial motivierte Hunde oft mit dem „Tunnelblick" unterwegs. Nur mit dem Unterschied, dass der Blick nicht nach außen auf potenziell Jagdbares gerichtet ist, sondern nach innen: Das Rudel und alle, die dazugehören, sind Dreh- und Angelpunkt.

So schön es ist, einen Hund zu haben, der stark auf einen achtet, genauso wichtig ist es, sich auch abgrenzen zu können und darauf zu achten, dass es zu keiner sozial motivierten Aggression kommt. Besonders wichtig ist das Erkennen von ersten Anzeichen, zum Beispiel wenn der Hund andere (Menschen wie Hunde) vom eigenen Frauchen/Herrchen abschirmt. Wenn er sich also mehr oder weniger quer vor die Beine stellt, man spricht dann von der sogenannten „T-Stellung". Der Hund muss lernen, dass der Mensch selbst entscheiden kann, wen er wie nah an sich heranlässt.

ÜBUNGEN, DIE SICH DARAUS ABLEITEN, SIND ZUM BEISPIEL:

Keinen Hund in der Mitte Wenn Sie mit Ihrem/Ihrer Partner/-in oder einer anderen „Spaziergang-Begleitperson" unterwegs sind, sollte sich Ihr Hund nicht genau zwischen Ihnen beiden bewegen. Viele sozial motivierte Hunde wählen genau diese Position, weil sie dort immer noch näher an ihrem Menschen sind als der andere Zweibeiner. Sie schirmen also gewissermaßen ihren (favorisierten) Menschen von einem anderen ab. Auch wenn der Hund zu Hause

aufs Sofa darf, setzt er sich häufig auf den Schoß „seines" Menschen oder zwischen Frauchen und den Besuch beispielsweise. Allein die Tatsache, dass dies geduldet wird, begünstigt sozial motiviertes Aggressionsverhalten. Deshalb ist es wichtig, darauf zu achten, dass dem Hund durch Positionsveränderung mitgeteilt wird, dass ein Dazwischendrängen und ein „Näher-dran-sein-Wollen" nicht erwünscht sind. Den Hund einfach wegzuschieben ist dabei effektiver als ihm verbale Signale zu geben.

Zwischendrin ist die beste Position zum Abschirmen.

Gruppenübung: Immer wieder Distanz zum eigenen Hund aufbauen.

Kontrolliert Kontakt zu anderen aufnehmen Die meisten sozial motiviert agierenden Hunde reagieren auf andere Hunde eifersüchtiger als auf andere Menschen. Trotzdem können Sie diese Übung sowohl mit einem Menschen als auch mit einem Hund als Ihrem Gegenüber durchführen. Es geht darum, dass Sie einem anderen Menschen oder Hund Aufmerksamkeit zukommen lassen und gleichzeitig dafür sorgen, dass Ihr Hund nicht die erste Geige spielt und sich in den Vordergrund drängt. Wenn Sie zum Beispiel einen anderen Hund streicheln, sollten Sie Ihren eigenen wegschieben, wenn er in Ihre Nähe kommt. Damit machen Sie klar, dass Sie entscheiden, um wen Sie sich wann kümmern. Sie müssen es ja nicht gleich übertreiben und den fremden Hund in höchsten Tönen bezirzen und mit den besten Leckerchen füttern. Ein ruhiges Streicheln und Reden reichen vollkommen aus. Im besten Fall akzeptiert Ihr Hund das Wegschieben und wartet geduldig ab, bis er an der Reihe ist.

Die Gruppe nutzen Trommeln Sie Ihre Hunde-Bekannten zusammen und machen Sie ein paar Übungen in der Gruppe. Es ist eigentlich egal, was Sie üben. Ziel ist es, dass sich der Halter des sozial motivierten Hundes in dieser gestellten Übungssituation immer wieder von seinem Hund entfernen kann, ohne dass dieser hinterherläuft. So kann besagter Hundehalter auch kurzen Kontakt zu anderen Menschen oder Hunden aufnehmen und danach wieder eine Übung mit seinem eigenen Hund machen. Die Frustrationstoleranz des sozial motivierten Hundes wird dadurch ausgebaut. Immer wieder kommt er in schwierige Situationen und muss aushalten, dass sein Mensch „fremdgeht". Er macht aber auch die Erfahrung, dass der immer wieder zu ihm zurückkommt!

1. Hier versperrt der Hund den direkten Weg zum anderen Menschen.

2. Neigt der eigene Hund zu „Eifersucht", darf er ruhig weggeschoben werden.

1

2

Gemeinsam durchs Leben
Sonja und Fine

Vor zwei Jahren war es so weit: Fine, meine mittlerweile fünfjährige Pudel-Mischlingshündin, zog bei mir ein. Sie kam aus dem Tierheim und war beschlagnahmt worden aus einem „Züchter-Haushalt" mit über 80 Hunden. Der Alltag mit Fine ist nett und unkompliziert. Sie meistert fast alle Situationen, mit denen sie konfrontiert wird, entspannt und souverän. Wenn das mal nicht so ist, stehe ich ihr bei. An ihrer Körpersprache habe ich gelernt, zu erkennen, ab wann sie sich unwohl fühlt. Fine gut lesen zu können, finde ich sehr wichtig, denn so kann ich gut reagieren und ein verlässlicher Partner auch in stressigen Situationen sein.

Denn von Beginn an orientierte sich Fine sehr an mir, und das soll auch so bleiben! Gleichzeitig beschäftige ich mich draußen viel mit ihr. Daran hatte ich von Anfang an Spaß. Gestartet haben wir mit Grundsignalen, denn außer „Sitz!" konnte meine kleine Fellnase noch nichts. Fine ist neugierig und lernbereit, wenn auch nicht immer die Schnellste. Ich weiß noch, dass sie schon mehrere Tricks und Apportieren gelernt hatte, aber nicht verstand, was ich bei „Platz!" von ihr wollte. Hier war meine Kreativität gefragt und unser beider Geduld. Wobei auch Fine sehr kreativ war und oft alles „abspulte", was sie schon gelernt hatte. Verschiedene „Tricks" baue ich übrigens ebenso gern in unsere Spaziergänge ein, wie Apportieren oder das Suchen eines Futterbeutels.

Wie sehr Fine an den gemeinsamen Aktivitäten interessiert ist und nicht nur am Futter, das sie sich darüber „erarbeitet", bemerke ich immer an Tagen, die weniger „Hunde-Zeit" zulassen. Eine Handvoll Futter bleibt liegen. „Darf" Fine dann aber etwas mit mir machen, ist sie sofort dabei.

Ich genieße die gemeinsame Zeit mit Fine. Wir haben schon viel zusammen erlebt und gelernt und dieses Miteinander-Lernen wird wohl ein Hundeleben lang weitergehen. Dazu gehört für mich, auf Fines Bedürfnisse einzugehen und ihr zu vermitteln, dass sie sich auf mich verlassen kann. Dazu gehört für mich aber auch, ihr zu zeigen, dass ich „kritische" Situationen regele. Kommen uns beispielsweise angeleinte Hunde entgegen oder „merkwürdige Menschen" mit Skateboard oder Walking-Stöcken, achte ich darauf, dass ich zwischen Fine und den anderen Hunden bzw. Menschen gehe. Manchmal scheint Fine dafür dankbar und erleichtert, manchmal würde sie aber auch gern selbst kontrollieren bzw. abchecken und findet meine Abgrenzung dann eher blöd. In solchen Situationen fällt mir immer wieder auf, das Hundetraining eine alltägliche Aufgabe ist.

„Für mich ist es aber vor allem eine schöne Aufgabe, mit Fine zu einem immer besseren Mensch-Hund-Team zu werden."

»Der untrüglichste
Gradmesser
für die Herzensbildung
der Menschen ist,
wie sie die Tiere betrachten
und behandeln.«

Berthold Auerbach

GLEICHGESCHLECHTLICHE KONTAKTE

Imponierende Gesten und fixierender Blickkontakt sind häufig zu beobachten.
Man kann die direkte Konfrontation aber auch vermeiden.

Für den sexuell motivierten Hund

Bei übersteigerter sexueller Motivation spielt das Thema Kastration häufig ganz schnell eine große Rolle. Ich rate jedoch nicht zu einer übereilten Operation. Denn auch durch Erziehung und Training lässt sich sexuell motiviertes Verhalten kontrollierbarer machen.

Ein Eingriff ins Hormonsystem muss gut überlegt sein. Lassen Sie sich hierzu ausführlich von Ihrem Tierarzt und Hundeverhaltenstherapeuten mit entsprechenden Kenntnissen beraten, wenn Sie sich mit diesem Thema beschäftigen. Bei sexuell motivierten Hunden geht es vor allem um Begegnungen mit gleichgeschlechtlichen Artgenossen – und um das Vermeiden von Aggression – als auch um Begegnungen mit dem anderen Geschlecht – und um die Vermeidung von zu aufdringlichem Verhalten.

Neben den artspezifischen Konstellationen spielt manchmal auch das Geschlecht des Hundehalters eine besondere Rolle, vor allem in der gegengeschlechtlichen Paarung: Frauchen und Rüde bzw. Herrchen und Hündin. Ist dies der Fall, sollte unbedingt ein ganzheitlicher Ansatz gewählt werden, der die komplette Beziehung und den gesamten Alltag durchleuchtet. Mit ein paar praktischen Übungen wird man ansonsten nicht allzu weit kommen.

ÜBUNGEN, DIE SICH DARAUS ABLEITEN, SIND ZUM BEISPIEL:

Die Suche nach einem gemeinsamen Hobby

Es ist sehr frustrierend, wenn man seinem Hund draußen etwas anbieten möchte, er sich aber überhaupt nicht darauf einlässt. Oft hat man einfach

Begegnungen können manchmal etwas steif ablaufen.

noch nicht das richtige Hobby gefunden. Oder, was fast noch häufiger der Fall ist, hat man die Beschäftigungsbemühungen in einer für den Hund zu schwierigen Umgebung angeboten. Selbst wenn der Hund an sich Spaß an der Sache hätte, kann er sich in der gewählten Umgebung nicht darauf einlassen. Ein „leichteres" Übungsumfeld muss also her.

Für den sexuell motivierten Hund heißt das, dass es ein Ort sein muss, an dem möglichst wenig andere Hunde waren bzw. markiert haben. Anstatt auf den üblichen Wegen zu bleiben, schlage ich also eine Tour quer durch den Wald oder übers Feld vor, eine Strecke also, die sonst keiner wählt. Da sexuell motivierte Hunde aber nun mal gerne mit ihrer Nase unterwegs sind, drängen sich Suchaufgaben als Beschäftigungsform förmlich auf. Hoch im Kurs ist zurzeit die Personensuche, auch Mantrailing genannt. Die Hunde folgen einer Spur, die eine versteckte Person zuvor gelegt hat. Haben Hunde erst einmal Gefallen daran gefunden, ignorieren sie später auch während des Suchens markante Pinkelstellen, denn sie haben schließlich einen anderen Job, auf den sie sich konzentrieren müssen.

Eine Variante, für die Sie keine weiteren Personen benötigen, sind Suchspiele jeglicher Art (siehe auch die Übungen zum jagdlich motivierten Hund Seite 48 ff.).

Eingreifen üben Häufig weiß man schon, dass die bevorstehende Hundebegegnung nicht harmonisch verlaufen wird. Warum es also erst so weit kommen lassen? Sind beide Hunde angeleint, lässt sich dem Konflikt einfach aus dem Weg gehen, indem man ausreichend Abstand zueinander hält. Läuft der entgegenkommende Hund ohne Leine, kann man nur auf die Kooperation des anderen Hundehalters hoffen, der im besten Fall seinen Hund anleint oder zumindest bei sich hält. Leider scheint es jedoch ein großes Problem zu sein, genau das zu tun. Ich verstehe nach wie vor nicht, dass man seinen Hund für einige

Gefunden! Erfolgreich eine Menschenspur verfolgt.

Meter nicht bei sich behalten kann, wenn damit dem anderen geholfen ist. Kein Hund muss jedem anderen „Hallo sagen". Das sollte respektiert werden, erst recht, wenn es sich um einen angeleinten Hund handelt. Also kann es nötig sein, den auf einen zulaufenden Hund auf Abstand zu halten. Ein dynamischer, frontaler Schritt auf den fremden Hund zu ist dabei sehr effektiv. Zusätzlich sollte der Blick gehalten und der Oberkörper leicht nach vorne gebeugt werden. Beides sind Drohgesten. Ziel ist es, dass der andere Hund gar nicht erst in die Nähe kommt, die Drohung versteht und in einem Bogen um einen herumläuft. Ein Ausstrecken der Hand auf den anderen Hund zu mit zusätzlicher Stimmeinwirkung kann ein weiteres Element sein. Macht der eigene Hund nun auch einen Sprung nach vorne, ist das natürlich kontraproduktiv. Also sollte man erst einmal ohne größere Bedrohung ausprobieren, wie der eigene Hund auf solch eine dynamische Situation reagiert. Es gehören schon ein bisschen Übung und gutes Timing dazu, dem eigenen Hund zu vermitteln, hinter einem zu bleiben, während man einen anderen auf Distanz hält.

| Ja | Ter | Soz | Sex | A+ | A– | B+ | B– |

Blickkontakt herstellen Es ist nicht nur schön, sondern in vielen Situationen auch sehr hilfreich, wenn der Hund Blickkontakt zu seinem Menschen herstellt. Gut nutzen kann man das zum Beispiel, um seinen Hund davon abzuhalten, einen anderen intensiv anzuschauen. Das „Starren" kann vom Gegenüber nämlich als Provokation aufgefasst werden. Wenn man also dafür sorgt, dass der eigene Hund den anderen nicht mit seinem Blick fixiert, ist die Begegnung meist schon deutlich entspannter, weil sich keiner „angemacht" fühlt. Häufig wird für das Anschauen der Begriff „Schau!" ankonditioniert, indem der Hund jedes Mal ein Futterhäppchen bekommt, wenn er seinen Menschen anschaut. Wenn das hilft, um Hundebegegnungen entspannter zu meistern, dann ist das eine Option.

Schöner finde ich es jedoch, wenn der Hund von sich aus, also aus eigenem Interesse, häufig Blickkontakt zu seinem Menschen herstellt. Und zwar nicht, weil er auf ein Stück Futter hofft, sondern weil er es als sinnvoll und förderlich für sich erlebt hat. Dieses unaufgeforderte Verhalten baut man am besten auf, indem man immer auf den Blickkontakt wartet, wenn der Hund etwas von einem möchte. Wenn man zum Spaziergang aufbricht und nach der Leine greift, könnte man seinen Hund beispielsweise erst anleinen, wenn er Blickkontakt hergestellt hat. Danach greift die Hand zur Türklinke, aber geöffnet wird erst, wenn der Hund geschaut hat. Auch später wird er erst abgeleint, wenn er erneut seinen Menschen angeschaut hat. Schnell wird es zur Gewohnheit, dass das Anschauen bzw. Anfragen beim Menschen sinnvoll ist, um das eigentliche Ziel zu erreichen. Sitzt das einmal in alltäglichen Situationen, kann das auch auf schwierigere Momente übertragen werden: Sobald der Hund einen sich entfernenden Hund nicht mehr anschaut, sondern im besten Fall stattdessen seinen Menschen, folgt eine gemeinsame Aktion. Das kann der Start für ein Apportier- oder Suchspiel sein, ein lobendes Wort, was auch immer der Hund als Belohnung empfindet.

Schau mir in die Augen! Unaufgeforderter Blickkontakt ist sehr hilfreich.

Ja | Ter | Soz | Sex | A+ | A− | B+ | B−

MEISTENS SCHAUT NUR DER MENSCH NACH SEINEM HUND

Im besten Fall hat der Hund auch draußen Interesse an seinem Menschen
und sucht von sich aus öfter Blickkontakt.

Für den stabilen Typ A

Bei diesem Typ sollte prinzipiell auf ein „Herunterfahren" geachtet und der Alltag mit vielen Pausen gestaltet werden. Aktionen erfolgen kontrolliert und strukturiert und mit wenig Aufregungspotenzial. Dazu gehören natürlich der Aufbau einer höheren Frustrationstoleranz und das Einführen bzw. Beibehalten klarer Regeln und eindeutiger Grenzen.

Auch wenn dieser Typ selbst in stressigen Situationen sicher und souverän ist, so ist er doch sehr reizempfänglich und zuweilen impulsiv. Damit insgesamt ein bisschen mehr Ruhe und „Beherrschtheit" in den Hund kommt, sind vor allem Übungen zum Ruhehalten und zur Förderung der Impulskontrolle wichtig.

ÜBUNGEN, DIE SICH DARAUS ERGEBEN, SIND UNTER ANDEREM:

Weniger ist mehr: Abschalttraining und das Aushalten-Können von Reizen Letztendlich geht es darum, dass sich der Hund an den ihm gebotenen Reizen „satt sieht" und diese dann nicht mehr so interessant findet. Das sogenannte Abschalttraining ist also das „Gegenteil" von der aktiven Herangehensweise mit Beschäftigungsalternativen. Beim Abschalttraining geht es um das Aushaltenkönnen von Reizen. Diese Form des Trainings besteht also daraus, nichts zu tun. Konkret bedeutet das, dass man mit seinem bereits ausgelasteten Hund an einen Ort mit wenigen oder „leichten" Reizen geht und es sich dort bequem macht. Nehmen Sie eine Decke mit und ein Getränk – auch Sie als Hundehalter sollten Ruhe und Entspannung ausstrahlen. Der Hund bleibt an kurzer Leine bei Ihnen und kann sich die Welt anschauen oder in der Luft wittern. Dabei darf er anfangs ruhig ein bisschen aufgeregt sein, sollte sich aber nach zehn bis fünfzehn Minuten deutlich entspannen. Wenn der Blick weniger hektisch wird, sich der Hund hinsetzt oder im besten Fall hinlegt und anfängt zu dösen, wäre es perfekt. Wenn dieses Ziel jedoch unrealistisch erscheint, kann man sich entweder mit einem geringeren Entspannungsmodus zufriedengeben (zum Beispiel wenn sich der Hund weniger bewegt und weniger unruhig ist als am Anfang der Übung) oder sich für das nächste Mal einen Ort aussuchen, bei dem es dem Hund leichter fällt, sich zu entspannen. Hat sich der Hund merklich beruhigt, kann ihm gerne etwas zum Kauen und Beknabbern angeboten werden, das hilft ihm zusätzlich beim Entspannen. Ist das Teilchen aufgefressen, verlässt man den Ort ganz in Ruhe und geht wieder nach Hause, wo der Hund in Ruhe schlafen kann.

Ruhe-Übungen Das eben beschriebene Abschalttraining ist nur eine Variante von verschiedenen Möglichkeiten, den Hund etwas abwartender, entspannter und weniger impulsiv werden zu lassen. Da der Spaziergang mit dem Anleinen beginnt, wäre es wünschenswert, auch dann schon Ruhe zu fördern. Je aufgeregter der Hund also ist, desto weniger passiert. Sie selbst sollten sich auch ganz ruhig und fast in Zeitlupe bewegen. Auf keinen Fall jedoch von der Unruhe des Hundes anstecken lassen. Im Zweifelsfall setzen Sie sich einfach noch mal hin. Anfangs kann das sehr mühsam sein, aber Hunde lernen rasch, dass sie mit Ruhe schneller zum Ziel kommen. Mit welcher Erwartungshaltung geht Ihr Hund vor die Türe? Wenn es immer nur um Aktion und Toben geht, wird er nicht gelassener werden. Ein weiterer Bestandteil der gemeinsamen Ausflüge sollte also auch draußen in Form von Ruhephasen sein. Streicheln Sie Ihren Hund ausgiebig oder massieren Sie ihn, nachdem Sie es sich an einem ruhigen Ort gemütlich gemacht haben.

Ja Ter Soz Sex A+ A- B+ B-

1

2

1. Einfach mal nichts tun und Ruhe ausstrahlen ...

2. ... bis auch der Hund entspannter wird und sich trotz spannendem Umfeld hinlegt.

Konzentrationsübungen Reizempfängliche Hunde, die sich gerne und viel bewegen, werden häufig über noch mehr Bewegung ausgelastet. Geschieht dies regelmäßig, wird der Hund trainiert und benötigt immer mehr Bewegung, um „k.o." zu sein. Anstelle von Bewegungsspielen bieten sich eher Übungen an, die die Konzentration fördern. Sei es nur, dass der Hund nicht durch hektisches Abspulen aller bisher gelernten Tricks Aufmerksamkeit und Belohnung bekommt, sondern nur für genaues Zuhören und richtiges Ausführen. Der Hund muss also gar nicht noch mehr neue Kunststückchen erlernen, sondern muss aufpassen, was wann von ihm gefordert wird. Hilfreich ist es, wenn der Mensch bewusst aus seinem Muster

ausbricht. Anstatt immer „Sitz!" zu sagen, bevor der Hund beispielsweise zum Suchen geschickt wird, könnte man mit einem „Platz!" oder „Steh!" arbeiten. Und bevor er losgeschickt wird, könnte er dann erst noch das Pfötchen geben. Oder man geht „bei Fuß!" in eine andere Richtung. Der Hund spult also nicht eine erlernte Reihenfolge ab, sondern er wird von anderen Signalen überrascht, mit denen er an dieser Stelle nicht gerechnet hat. Wenn man jetzt noch darauf achtet, dass der Hund mit seinem Menschen „im Gespräch" ist und nicht nur das versteckte Objekt im Blick behält, hat man eine vermeintlich einfache, aber schöne Konzentrationsübung.

1. Anstatt das Spielzeug anzustarren, wird aufmerksam zugehört, was wohl als nächstes kommt.

2. Erst noch ein Stück bei Fuß gehen, bevor der Hund zum Suchen geschickt wird, fördert die Konzentration.

1

2

Umdenken und das „Werkzeug Seil" benutzen, um an die begehrte Beute zu kommen.

Zieh! Das Spielzeug hängt so weit oben im Baum, dass der Hund es nicht mit einem Sprung erreichen kann. Lediglich ein Stück Schnur (oder die Leine), die am Spielzeug befestigt ist, hängt in der Reichweite des Hundes. Wie kommt Ihr Hund jetzt an das Objekt der Begierde? Hunde lernen gut, indem sie Verhalten beobachten und nachahmen. Zeigen Sie also Ihrem Hund, was die Lösung ist, und ziehen Sie selbst an der Schnur, bis das Spielzeug runterfällt. Freuen Sie sich und nutzen Sie diese Euphorie, um das Spielzeug dann wieder weit oben zu platzieren und nochmals an der Schnur zu ziehen. Wiederholen Sie das einige Male. Wenige Hunde haben das Prinzip sofort raus, die meisten müssen eine ganze Weile überlegen und probieren. Damit der Hund nicht zu viel Frust aufbaut, sollten schon kleine Schritte belohnt werden. Beißt Ihr Hund zum Beispiel, auch wenn es mehr oder weniger aus Versehen geschieht, in die Schnur, dann ziehen Sie in diesem Moment fester, damit das Spielzeug herunterfliegt. Der Hund merkt, dass In-die-Schnur-Beißen eine gute Idee war, und wird beim nächsten Mal vielleicht schon fester daran ziehen und das „Problem" alleine lösen.

Die Frisbee-Scheibe wird bewegt und spannend gemacht, trotzdem soll der Hund sitzen bleiben.

Impulskontrolle Bei dieser Übung soll Ihr Hund lernen, etwas Spannendem zu widerstehen. Er soll seinen Impuls, loszurennen, kontrollieren können, um sich etwas länger zu beherrschen. Dafür gibt es ganz viele verschiedene Übungen. Eine ganz einfache ist das Anbieten von Leckerchen auf der Handfläche: Möchte sich Ihr Hund das Futter so schnell

Gut, wenn er den Blick abwenden kann.

wie möglich nehmen, schließt sich die Hand und der Hund geht leer aus. Schafft er es aber, Abstand zu halten und sich zu gedulden, obwohl das Futter verführerisch nah ist, kann er es von Ihnen explizit angeboten bekommen. Eine andere Variante ist am leichtesten mit einer Hilfsperson durchführbar. Diese bewegt einen für den Hund interessanten Gegenstand. Sie wirft ihn hoch, zieht ihn – zum Beispiel an einer Schnur – über den Boden etc., macht also etwas damit, was Ihr Hund interessant findet. Der wiederum soll sich aber gedulden, sogar den Blick vom Gegenstand abwenden. Bei gut trainierten Hunden kann diese Übung im „Bleib!" erfolgen, alle anderen sind an der Leine, damit sie mit dem impulshaften Loslaufen nicht an den Gegenstand herankommen. Die Schwierigkeit der Übung können Sie über die Distanz zwischen Gegenstand und Hund variieren: Je größer, desto einfacher!

Für den instabilen Typ A

Gerade bei diesem Typ ist es besonders wichtig, selbst möglichst ruhig, gelassen und vor allem vorausschauend zu sein.

Denn nur so hat man die Chance, der Reaktionsschnelle des Hundes zu begegnen. Es macht also durchaus Sinn, sich schon vor dem gemeinsamen Ausflug zu überlegen, worauf der Hund reagieren könnte und wie man dann selbst in dieser Situation damit umgehen möchte.

ÜBUNGEN, DIE SICH DARAUS ERGEBEN:
Aushalten von unsicheren Situationen Reagiert ein Hund unsicher, möchte man den Hund in der Regel so rasch wie möglich „erlösen" und verlässt die Situation, so schnell man kann. So nimmt man aber dem Hund die Möglichkeit, sich mit dem Reiz auseinanderzusetzen und einen Lernprozess auszulösen, der den Hund mit der Zeit sicherer werden lässt. Es

kann also durchaus sinnvoll sein, genügend Abstand vorausgesetzt, in einer Situation zu bleiben, auch wenn der Hund lieber weg möchte. Achtung: Es geht hier um unsicheres Verhalten! Ein Hund, der in Panik ist oder große Angst hat, darf natürlich weg vom Reiz – denn in diesem Zustand ist Lernen sowieso nicht möglich. Der unsichere Hund aber soll die Gelegenheit bekommen, zu merken, dass der Reiz gar nicht so unheimlich ist und dass man trotz dessen Anwesenheit ein bisschen runterkommen kann. Erst dann verlässt man die Situation. So speichert der Hund eher das ruhige und etwas entspanntere Verhalten ab, als nur mit Flucht beschäftigt zu sein.

| Ja | Ter | Soz | Sex | A+ | A- | B+ | B- |

Eine bedrohliche Situation, ...

...in der so lange geblieben wird, bis man entspannter damit umgehen kann.

Erlernen von Alternativverhalten

Eine andere Möglichkeit, mit Stress umzugehen, ist es, einfach etwas anderes zu tun. Anstatt also von einer Übersprunghandlung in die nächste zu gleiten oder an der Leine zu eskalieren, könnte man beispielsweise auch einen Dummy tragen. So kann der Hund im wahrsten Sinne des Wortes die Zähne zusammenbeißen, wenn ihm etwas nicht passt, und damit eine unangenehme Situation gut überstehen. Alltagstauglich ist es, wenn der Hund erst mal in ganz leichten Situationen lernt, einen Gegenstand zu tragen. Dann kann er ihn später auch an unheimlichen Objekten, provozierenden Hunden etc. vorbeitragen. Oder wenn ein bisschen mehr Leine zur Verfügung steht oder Freilauf möglich ist, kann auch um den Gegenstand herum apportiert werden.

Auch folgende Konzentrations- und Ruheübungen passen gut für diesen Typ: Mantrailing, S. 71, Abschalttraining, S. 76.

Der spannende Reiz wird zwar im Auge behalten, aber der Hund schafft es, vorbeizugehen.

Gar nicht so leicht, jetzt ruhig zu bleiben. Aber sehr effektiv!

Cool bleiben in angespannten Situationen Mit Hektik und Gebrüll des Menschen wird der Hund auf keinen Fall ruhiger. Je hektischer und lauter der Mensch, desto schwieriger wird die Situation. Schwierige Situationen erst einmal zu vermeiden, ist keinesfalls verkehrt. So übt der Hund sein „Fehlverhalten" zumindest nicht. Kommt Ihnen der vom Hund gehasste Postbote entgegen, weichen Sie aus. Möchte Ihr Hund Sie als Punchingball nutzen und seinen Frust oder Stress bei Ihnen auslassen, versuchen Sie auch dann, möglichst ruhig zu bleiben. Dreht Ihr Hund zu Hause auf, verlassen Sie den Raum. Ohne „Publikum" wird das Verhalten meist schnell wieder eingestellt. Provoziert Ihr Hund Sie draußen, versuchen Sie, sich nicht aus der Ruhe bringen zu lassen. Selbst wenn er in die Leine beißt oder Sie anspringt, spielen Sie den Felsen: Bleiben Sie stehen und schenken Sie Ihrem Hund keinerlei Aufmerksamkeit. Wird es zu stark, wäre es auch eine Möglichkeit, den Hund an einem Baum oder Laternenpfahl anzubinden und knapp außer Reichweite des Hundes zu gehen. Auch in diesem Fall extrem ignorant. Hat sich der Hund wieder beruhigt, kann man sich ihm wieder zuwenden. So erreicht Ihr Hund nichts und lernt im besten Fall, mit Ruhe Ihre Aufmerksamkeit zu bekommen. Denn nur dann nähern Sie sich ihm wieder an.

Auch folgende Übungen zur Impulskontrolle und Frustrationstoleranz passen gut für diesen Hundetyp: Reize aushalten, S. 76, Impulskontrolle S. 80.

»Nähe und Vertrautheit
eines Tieres zu erleben,
das ist uns Hundenarren
ein Stück Paradies geworden,
das wir in unserem Leben
nicht mehr missen möchten.«

Ekard Lind

Für den stabilen Typ B

Hunde dieses Typs haben und machen in der Regel keine Probleme. Sie sind häufig unauffällig, der Alltag läuft rund. Nichtsdestotrotz benötigen auch stabile Typ-B-Hunde einen gewissen Rahmen und eine Führung.

Wenn die grundlegende Erziehung und das Zusammenleben im Alltag gut funktionieren, kann man sich auf gemeinsame Hobbys konzentrieren. Nicht alle Hunde dieses Typs lassen sich auf Spielereien ein – dafür sind manche einfach vom Kopf her zu erwachsen. Wenn Ihr Hund also gar kein Interesse an Ihrem Angebot hat oder das Interesse schnell wieder verliert, muss das Beschäftigungsangebot vielleicht etwas „ernsthafter" werden und aus Hundesicht Sinn machen. Einem Gegenstand aus Kunststoff hinterherzulaufen, macht meistens keinen Sinn. Was soll man damit? Einer Spur zu folgen oder kognitiv herausfordernde Aufgaben zu bekommen, bei denen man „um die Ecke denken" muss, sind meistens interessanter für Hunde dieses Typs. Gerade weil die Hunde dieses Typs oft sehr souverän, auch im Umgang mit Artgenossen, sind, kann man sich viel von ihnen abschauen und für die eigene Kommunikation und den Umgang mit dem Hund lernen. Beobachten macht außerdem Spaß. Aber auch ein „Einfach-nur-Spazierengehen" ist mit diesem Hundetypus am ehesten problemlos möglich.

ÜBUNGEN, DIE SICH DARAUS ABLEITEN, SIND ZUM BEISPIEL:

Körpersprache-Beobachtungstraining für den Menschen Beobachten Sie genau Ihren Hund. Wie geht er auf andere Hunde zu? Wie löst er Konflikte? Welche körpersprachlichen Signale zeigt er? Wann und inwiefern verändern sich diese? Ihr Hund ist Meister in der souveränen Kommunikation, seien Sie sein Lehrling! Für das eigene Zusammenleben mit Hund kann man sich viel abschauen, gerade in Bezug auf Konfliktvermeidung, Ruhe und Gelassenheit. Hunde können andere wunderbar ignorieren, in einem Bogen ausweichen, ohne Angst zu zeigen, etc. Ein genauerer Blick lohnt sich auf jeden Fall! Wann verändert sich die Rutenhaltung? Wann sind die Ohren aufmerksam nach vorne gespitzt, und wann beschwichtigend an den Kopf angelegt. Ihr Hund weiß ganz genau, wann er präsent und wann er eher zurückhaltend sein sollte.

Ohne Sie kein Erfolg Schaffen Sie für Ihren Hund eine Aufgabe, die er nicht ohne Sie lösen kann! Etwas von Interesse hängt so hoch, dass Ihr Hund es nicht alleine erreichen kann. Es hängt auch keine Schnur daran, mit der sich der Hund selbst den Gegenstand herunterziehen kann, wie es in einer anderen Übung beschrieben ist. Dieses Mal sind Sie die Lösung. Ihr Hund sucht und zeigt an, dass dort etwas ist. Jetzt kommen Sie und erledigen den Rest der Aufgabe! In einer anderen Variante liegt etwas hinter einem Zaun. Ihr Hund kommt nicht unmittelbar daran, sondern muss einen Umweg laufen, um durch eine Unterbrechung im Zaun zum Spielzeug, Dummy etc. zu gelangen. Sie zeigen den Weg oder, wenn es sich bei der Unterbrechung im Zaun um eine Tür handelt, öffnen Sie diese für Ihren Hund. Auch hier würde Ihr Hund ohne Sie nicht an die Beute kommen.

Gemeinsam buddeln Wenn Sie die Möglichkeit haben, graben Sie etwas so tief ein, dass Ihr Hund Schwierigkeiten hätte, es alleine wieder auszubuddeln. Das machen Sie dann gemeinsam! Sie mit dem Spaten, Ihr Hund mit den Pfoten. Das geht sowohl gemeinsam als auch nacheinander.

1. Ohren und Rute (sofern vorhanden) geben eine guten Überblick über die momentane Befindlichkeit.

2. Beide Hund haben die Ohren an den Kopf angelegt und sind in freundlicher Kommunikation.

Für den instabilen Typ B

Hunde dieses Typs benötigen einen übergeordneten Plan. Der Mensch spielt dabei eine wichtige Rolle, er sollte konsequent und verlässlich handeln, damit der Hund Sicherheit bekommt.

Es geht also vor allem darum, das Selbstbewusstsein des Hundes zu stärken. Besonders gut gelingt das über Erfolgserlebnisse, die der Hund durch sein Handeln und seine Überwindung erreicht hat. Wer nämlich „Macht" über eine Situation hat, sie kontrollieren kann, vermindert dadurch das subjektive Stressempfinden. Um das leisten zu können, benötigen Hunde dieses Typs die Anleitung ihres Menschen.

Nach anfänglicher Skepsis kann in der Nähe des Rucksacks jetzt auch gefressen werden.

ÜBUNGEN, DIE SICH DARAUS ERGEBEN, SIND UNTER ANDEREM:

Vorbildfunktion des Menschen Ein Hund sieht beispielsweise einen Reiz, den er unheimlich bzw. als Bedrohung empfindet. Das sind zum Beispiel häufig Gegenstände, die normalerweise nicht in die Umgebung gehören – aus Hundesicht! Das kann im Winter der Schneemann in Nachbars Garten sein oder ein Rucksack, der normalerweise nicht auf der Wiese liegt. Der Mensch kann jetzt todesmutig vorgehen, den Reiz anschauen und berühren und dem Hund damit zeigen, dass nichts Schlimmes passiert. Danach traut sich der Hund dann vielleicht auch hin.

Helfer bei Alltagsaufgaben Hunde sind gute Beobachter und erkennen Zusammenhänge. Außerdem sind sie stolz, wenn sie im Alltag helfen können. Ihr Schlüssel ist runtergefallen? Ihr Hund hebt ihn auf. Besonders für geräuschempfindliche Hunde ist das eine gute Übung! Bevor es zum Spaziergang losgeht, holt Ihr Hund erst noch die Leine, vielleicht sogar aus einer Schublade, die er dann zusätzlich öffnen und wieder schließen muss. Ihr Hund kann lernen, Ihnen die Socken auszuziehen, die Brötchentüte zu tragen, also ganz alltägliche Dinge, für die er gebraucht wird. Das stärkt das Selbstbewusstsein!

| Ja | Ter | Soz | Sex | A+ | A− | B+ | B− |

Outdoor-Hindernisse nutzen Über eine wackelige Brücke laufen, auf einem Baumstamm balancieren, sich darauf sogar zu drehen oder ins „Platz!" zu legen, das kann schon mal Überwindung kosten. Hat man es aber, vielleicht mit etwas Unterstützung des Menschen, geschafft, kann man mit stolzgeschwellter Brust den Nachhauseweg antreten. Oder legen Sie ein Spielzeug schwer zugänglich unter einige Äste, sodass Ihr Hund einen Weg finden muss, um an den Gegenstand zu kommen.

| Ja | Ter | Soz | Sex | A+ | A− | B+ | B− |

Schnelle Erfolgserlebnisse Tricks, die ein Hund leicht lernt, führen zu schnellen Erfolgserlebnissen und zu einem guten Gefühl beim Hund. Pfötchen geben gehört dazu, das können die meisten Hunde bereits. Aber auch mit der anderen Pfote? Ein anderer leichter Trick ist das Drehen um sich selbst. Führen Sie Ihre Hand ungefähr auf Nasenhöhe Ihres Hundes in einem Halbkreis Richtung Rute, sodass er Ihrer Hand folgt und sich dabei um sich selbst dreht. Üben Sie beide Seiten, sodass sich Ihr Hund sowohl nach rechts als auch nach links drehen kann. In folgenden Lernschritten können Sie dann Ihre Geste verkleinern, also die „Rührbewegung" des ganzen Arms immer kleiner werden lassen, bis zum Schluss ein Kreisen des Handgelenks als Signal ausreicht.

| Ja | Ter | Soz | **Sex** | A+ | A− | B+ | **B−** |

Balanceakt – vor allem wenn jetzt auch noch Platz gemacht oder das Pfötchen gegeben wird.

Zum Schluss

Ich freue mich, dass Sie sich mit Ihrem Hund und seinem Verhalten etwas genauer auseinandergesetzt haben! Wenn ich dazu beitragen konnte, dass Sie Ihren Hund ein bisschen besser verstehen oder sein Verhalten frühzeitiger erkennen und somit besser auf ihn reagieren können, dann habe ich mein Ziel erreicht. Wenn ich dann auch noch Anhaltspunkte für Übungsideen geben konnte, freue ich mich umso mehr.

Ich wünsche Ihnen viel Spaß bei den gemeinsamen Touren mit Ihrem Hund!

GEMEINSAME JAGD

Zusammen dynamisch zu sein, finden die meisten Hunde großartig.
Schicken Sie Ihren Hund also nicht nur, sondern laufen selbst auch mal mit.

SERVICE

Zum Weiterlesen

Fiedler, Anja: **Jagdverhalten.** Verstehen, kontrollieren, ausgleichen. 2019

Heberer, Ute, Nora Brede und Normen Mrozinski: **Aggressionsverhalten beim Hund.** 2019

Gansloßer, Udo und Mechthild Käufer: **Auszeit auf Augenhöhe.** Mensch-Hund-Spiel: kleiner Einsatz mit großer Wirkung. 2017

Gansloßer, Udo und Kate Kitchenham: **Beziehung – Erziehung – Bindung.** Forschung im Dienst des Mensch-Hund-Teams. 2015

Gansloßer, Udo und Kate Kitchenham: **Hundeforschung aktuell.** Anatomie, Ökologie, Verhalten. 2019

Gansloßer, Udo und Petra Krivy: **Verhaltensbiologie für Hundehalter – Das Praxisbuch.** 2019

Gansloßer, Udo und Sophie Strodtbeck: **Kastration und Verhalten beim Hund.** 2011

Przygoda, Jeanette: **An lockerer Leine.** 2017

Ücüncü, Gülay: **Der gelassene Hund.** Selbstbeherrschung, Impulskontrolle, Frustrationstoleranz. 2019

Ziemer-Falke, Kristina und Jörg Ziemer: **Entspannt allein.** 2019

Nützliche Adressen

Verband für das Deutsche Hundewesen (VDH) e.V.
Westfalendamm 17
44141 Dortmund
Telefon: +49-(0)231 565 00-0
E-Mail: info@vdh.de
Internet: www.vdh.de

Österreichischer Kynologenverband (ÖKV)
Siegfried Marcus-Str. 7
A-2362 Biedermannsdorf
Telefon: +43-(0)2236/710 667
E-Mail: office@oekv.at
Internet: www.oekv.at

Schweizerische Kynologische Gesellschaft (SKG)
Brunnmattstraße 24
CH-3007 Bern
Telefon: +41-(0)31 306 6262
Internet: www.skg.ch

Leinensache
Jeanette Przygoda
Wildenburgstr. 33
50935 Köln
 Telefon: +49-(0)1577 - 13 33 644
E-Mail: info@leinensache.de
Internet: www.leinensache.de

Dank

Vor allem gilt mein Dank den vielen verschiedenen Hundepersönlichkeiten, deren (Trainings-)Weg ich ein Stück begleiten durfte. Aber auch allen Kollegen und Kunden, die bereit sind, Hunde differenzierter zu betrachten und die Persönlichkeit hinter dem Hund zu sehen.
Danken möchte ich Alice Rieger vom Verlag, für die wieder einmal nette, unkomplizierte und reibungslose Zusammenarbeit. Anna Auerbach für die tollen Fotos und die schöne Art mit Mensch und Hund umzugehen. Und natürlich allen Fotomodels, die sich dafür zur Verfügung gestellt haben. Insbesondere möchte ich Sonja Lorenz und Sabine Ehrhardt für eine äußerst produktive Rückfahrt von einem unproduktiven Wochenendseminar danken. Dann hat sich der Kurztrip also doch noch gelohnt! Und fürs Mitdenken und Feedback geben danke an Nicole Voß, nochmals Sonja Lorenz und Verena Albert.
Da dieses Buch in einer für mich sehr anstrengenden und stressigen Zeit entstand, kann ich meiner Partnerin Nadine nicht genug danken. Danke vor allem für deinen Optimismus!

Register

BILDNACHWEIS

91 Farbfotos wurden von Anna Auerbach / Kosmos für dieses Buch aufgenommen.
Weitere Farbfotos von Sarah Börnsen / privat (2: S. 34, 35), Laura Herale / Kosmos (1: S. 89),
Sonja Lorenzen / privat (2: S. 66, 67), Shutterstock / Zivica Kerkec (1: S. 2 – 3) und
Trio Bildarchiv (4: S. 28 / Lotte van Alderen, 54 / Natalie Große, 68 / Jasmin Hummer,
84 / Kerstin Ordelt).

IMPRESSUM

Umschlaggestaltung von GRAMISCI Editorialdesign, München unter Verwendung von
3 Farbfotos von Anna Auerbach/Kosmos und Trio Bildarchiv/Kerstin Benz (Klappe vorn)

Mit 108 Farbfotos.

Unser gesamtes Programm finden Sie unter **kosmos.de**.
Über Neuigkeiten informieren Sie regelmäßig unsere
Newsletter, einfach anmelden unter **kosmos.de/newsletter**

Gedruckt auf chlorfrei gebleichtem Papier

© 2019, Franckh-Kosmos Verlags-GmbH & Co. KG, Stuttgart.
Alle Rechte vorbehalten
ISBN 978-3-440-16295-8
Redaktion: Alice Rieger
Gestaltungskonzept: GRAMISCI Editorialdesign, (Cornelia Sekulin) München
Gestaltung und Satz: Atelier Krohmer, Dettingen/Erms
Produktion: Nina Renz
Druck und Bindung: Westermann Druck Zwickau GmbH, Zwickau
Printed in Germany / Imprimé en Allemagne

FSC
www.fsc.org
MIX
Papier aus ver-
antwortungsvollen
Quellen
FSC® C110508